PRESCRIPCION
ECONÓMICA
PARA LOS PAÍSES
EN DESARROLLO

por
MAHFOUD B. SELLAMA

MAESTRÍA EN RELACIONES INTERNACIONALES Y RESOLUCIÓN DE CONFLICTOS
Graduado de American Public University
Virginia Occidental, EE. UU.

Esta es una traducción al español del libro: **PRESCRIPCION ECONÓMICA PARA LOS PAÍSES EN DESARROLLO.** La versión en español es una traducción del original en inglés.

El libro está disponible en cuatro idiomas: inglés, francés, árabe y español.

Reseña Editorial – La Receta Económica para los Países en Desarrollo

Estimado Sr. Sellama,

Esperamos que esta carta le encuentre bien. Nos complace trabajar en su borrador y debemos admitir que es bastante único en su naturaleza y ofrece una amplia gama de soluciones a los problemas que aún prevalecen en los países en desarrollo. En nuestra opinión profesional, podemos afirmar con confianza que aborda un tema exclusivo y es, sin duda, una obra muy bien investigada. Es un gran placer para nosotros revisarlo, y ciertamente para nosotros es un proceso de aprendizaje. La información es convincente y está bien desarrollada para conmover fácilmente a la audiencia. Ningún aspecto del borrador resulta tedioso; cada tema es tan interesante como el anterior y aporta una nueva información, sumando finalmente a un libro exhaustivo.

Ahora, examinaremos cada aspecto en detalle.

Tonalidad

El tono de *La Receta Económica para los Países en Desarrollo* es práctico y fácil de entender. El libro aborda grandes problemas como la pobreza, la inestabilidad política y la recuperación económica con un lenguaje sencillo para que los lectores puedan seguirlo fácilmente. La voz del autor es fuerte y está enfocada en ofrecer soluciones reales, al mismo tiempo que hace que los lectores se sientan esperanzados y listos para actuar. El libro invita a los lectores a reflexionar sobre sus propios países y cómo grandes cambios podrían mejorar las cosas. Explica problemas como la corrupción, la excesiva dependencia de países más ricos y las demoras gubernamentales de una manera que resulta real y cercana, especialmente para las personas en países en desarrollo. El tono es amigable y cuidadoso, facilitando que lectores de diversos orígenes conecten con las ideas. Al mismo tiempo, impulsa a los lectores a tomar acción y a pensar en nuevas formas de resolver problemas.

Argumento

La idea principal del libro es analizar por qué algunos países permanecen subdesarrollados y mostrar cómo pueden mejorar su economía y gobierno. El autor aborda problemas importantes como la privación de necesidades básicas, gobiernos inestables y corrupción, al mismo tiempo que señala qué sistemas y normas necesitan ser reformados. Sellama explica cómo los países pueden utilizar sus recursos, tales como tierra, trabajadores, dinero e ideas de negocio, para comenzar a hacer crecer sus economías. El libro pone en evidencia cuestiones como el gasto excesivo en el ejército y el daño causado por los monopolios y la corrupción. También se enfoca en cómo fomentar el patriotismo, el orgullo nacional y un buen gobierno puede ayudar a las sociedades a mejorar. Cada capítulo se basa en el anterior, haciendo que el libro sea fácil de seguir y comprender. El autor cubre temas como iniciar pequeños negocios locales, mejorar las escuelas, utilizar nuevas ideas y tecnologías, y proteger el medio ambiente. Esto muestra a los lectores un plan completo para ayudar a que los países crezcan y prosperen.

Lenguaje

El libro utiliza un lenguaje sencillo y claro, lo que facilita que sus ideas importantes sean entendidas por todos. Aunque los temas son serios y requieren reflexión profunda, la forma en que está escrito ayuda a personas con distintos niveles educativos a seguirlo. Las oraciones son cortas y directas, y el autor explica las cosas claramente sin usar palabras complicadas. El libro ofrece ejemplos de la vida real, citas de personas famosas y relatos históricos para hacer que los puntos sean más creíbles y cercanos. Estos ejemplos ayudan a los lectores a conectar con las ideas y a ver cómo podrían aplicarlas en sus propias vidas. El autor también utiliza comparaciones e historias simples para explicar conceptos difíciles sobre economía y gobierno de una manera que cualquiera pueda entender. Al mantener el lenguaje simple y evitar términos confusos, el libro facilita que los lectores imaginen cómo pueden aplicar estas ideas en sus comunidades. Además, ayuda a que los lectores se sientan confiados de que pueden aprender y aplicar estas ideas, sin importar desde dónde comiencen. Este enfoque hace que el libro sea útil para una amplia variedad de personas, incluidos estudiantes, profesores, líderes comunitarios e incluso funcionarios gubernamentales.

Relación con el Público Objetivo

Las ideas del libro son importantes para todos, pero son especialmente significativas para las personas en los países en desarrollo. Habla de problemas reales como la escasez, la explotación, los regímenes inestables y el daño al medio ambiente. El libro muestra cómo estas cuestiones afectan a millones de personas en su vida diaria. Sellama también explica cómo la falta de buenas escuelas y un liderazgo deficiente pueden impedir que un país crezca. Estos son problemas que enfrentan muchas naciones en desarrollo, y el libro los aborda con gran detalle. El libro no solo destaca los problemas; ofrece soluciones reales que las personas pueden usar para mejorar las cosas. Esto hace que los lectores se sientan esperanzados y les ayuda a creer que pueden marcar la diferencia. Muestra que todos tienen un papel que desempeñar y que, trabajando juntos, las comunidades pueden resolver grandes problemas. El libro anima a los lectores a verse como parte de la solución e inspira a tomar acción para ayudar a que su país avance. Al hablar tanto de las luchas como de las soluciones, el libro crea una conexión entre las ideas y la vida real. Recuerda a los lectores que el progreso sucede cuando las personas trabajan juntas y asumen la responsabilidad de generar cambios. Esto hace que el libro sea inspirador y práctico para cualquiera que quiera ayudar a mejorar su comunidad o país.

Libros Similares

Los lectores que disfrutaron obras como *Beating the Odds: Jump-Starting Developing Countries* de Justin Yifu Lin o *Turnaround: Third World Lessons for First World Growth* de Peter Blair Henry encontrarán una profundidad de visión e inspiración similar en *La Receta Económica para los Países en Desarrollo* de Mahfoud B. Sellama.

Beating the Odds: Jump-Starting Developing Countries: este libro explora cómo los países pobres pueden estimular el crecimiento económico sin esperar una acción global o condiciones locales ideales. Desafía la sabiduría convencional y ofrece estrategias prácticas para el desarrollo.

Turnaround: Third World Lessons for First World Growth: Henry discute lecciones que las naciones desarrolladas pueden aprender de las políticas económicas de los países en desarrollo. Enfatiza la importancia de la disciplina y las decisiones políticas pragmáticas para lograr el crecimiento.

How Nations Escape Poverty: Zitelmann examina las transformaciones económicas de países como Polonia y Vietnam, destacando el papel del crecimiento capitalista y las reformas empresariales para escapar de la pobreza.

Estas comparaciones subrayan la perspectiva distintiva de Sellama, mientras colocan *La Receta Económica para los Países en Desarrollo* dentro de un marco más amplio de obras impactantes sobre crecimiento económico y transformación. Los lectores que aprecian las ideas prácticas y las estrategias inspiradoras de títulos como *Beating the Odds* o *Turnaround* descubrirán ideas y soluciones igualmente convincentes en este libro.

Recomendaciones

La Receta Económica para los Países en Desarrollo es un libro importante con grandes ideas que pueden ayudar a mejorar la vida de las personas en las naciones en desarrollo. Dada su relevancia y sus ideas prácticas, es fundamental promover este libro ampliamente en los países en desarrollo. Las redes sociales son una excelente forma de difundir la noticia sobre este libro. Pueden ayudar a llegar a diferentes tipos de personas, como profesores, líderes gubernamentales, activistas y ciudadanos comunes que quieren mejorar sus comunidades. El libro habla sobre cómo los países pueden volverse independientes al enfocarse en sus propias fortalezas, usar nuevas ideas y proteger el medio ambiente. Estas son cosas que los gobiernos, grupos sin fines de lucro y líderes comunitarios encontrarán muy útiles.

Para asegurar que el libro beneficie al mayor número posible de personas, debería promocionarse ampliamente a través de plataformas en línea. Libros como este siempre son útiles porque ofrecen ideas que pueden servir por mucho tiempo y generar conversaciones importantes sobre cómo mejorar las cosas. Al llegar a muchas personas, este libro puede inspirar cambios positivos y fomentar que las comunidades trabajen juntas por un futuro mejor.

En detalle, este libro ofrece pasos claros para mejorar las economías, como crear más empleos, enfocarse en la educación y usar la tecnología para resolver problemas. También habla sobre cómo los países pueden colaborar y compartir ideas para fortalecerse mutuamente. Si se promociona de manera adecuada, este libro puede ser una herramienta poderosa para ayudar a muchos países a avanzar y mejorar la vida de sus ciudadanos.

Contents

Introducción

Se cree que el desarrollo resulta de la disponibilidad y el uso de los factores de producción, tales como la tierra, el trabajo, el capital y los emprendedores. Sin embargo, en ocasiones estos factores por sí solos son insuficientes para poner en marcha una economía o impulsar el desarrollo en países que carecen de una dirección económica o de una decisión política firme para avanzar del punto A al punto B. Algunos países carecen de ambos, lo que hace extremadamente difícil incluso comenzar.

En el mundo actual, algunos países poseen solo algunos de estos factores de producción y carecen del resto, lo que nuevamente complica la consecución de la industrialización. Es importante recordar que, aunque un país posea todos estos factores, no puede lograr el desarrollo sin un gobierno serio comprometido a tomar medidas rigurosas hacia adelante. Una decisión económica y política es esencial para iniciar una "Revolución Económica".

Este libro aborda el subdesarrollo persistente en muchos países. Sugerirá ideas sobre cómo crear infraestructura económica y política, generar empleos, aumentar la producción, mejorar la educación y el servicio al cliente, y aumentar el ingreso nacional. Para ofrecer soluciones que permitan iniciar una revolución económica, debemos abordar las múltiples y complejas causas detrás del estancamiento de los países en desarrollo.

El libro está escrito en un lenguaje sencillo para asegurar que sea accesible a personas de diferentes idiomas y niveles educativos. Sirve como un resumen de estrategias económicas claras que sientan las bases para una economía más sofisticada.

La Pobreza en los Países en Desarrollo

Muchas personas se preguntan si la pobreza está predestinada o si se debe a diferentes circunstancias desafiantes. Según Nelson Mandela, la pobreza es obra del hombre, al igual que la esclavitud. Él argumentaba que los gobiernos son responsables de las malas condiciones de vida de cualquier persona. "No existe tal cosa como un país pobre, solo un gobierno fallido que no sabe cómo distribuir la riqueza adecuadamente," dijo Noam Chomsky.

Algunos pensadores creen que el Norte quiere mantener al Sur tal como está. En otras palabras, el Norte quiere mantener al Sur como "la despensa del Norte." En este arreglo, el Sur suministra al Norte con recursos naturales, tales como petróleo, gas, hierro, uranio, acero, oro, diamantes y madera, a cambio de productos procesados como medicinas, máquinas, herramientas—y a veces alimentos. Algunos países en desarrollo proveen al Norte con frutas y verduras baratas, como es el caso de México, Chile y Brasil, que abastecen a Estados Unidos, y como en el caso de los países del Norte de África hacia el Sur de Europa.

El Sur se ha quedado atrapado en una profunda dependencia de las necesidades provenientes del Norte a cambio de todo lo valioso que poseen. La mayoría de los líderes en países en desarrollo piensan que proporcionar todos los recursos necesarios al Norte es la manera más rápida y eficiente de asegurar el apoyo de los líderes del Norte. Lo hacen porque esperan que los líderes del Norte les ayuden a ellos y a sus familias a obtener el derecho a residir en el Norte una vez que se retiren.

Según Xavier Driencourt, embajador francés para el Norte de África, "Algunos líderes y funcionarios de países en desarrollo suplican por visas para que sus hijos estudien en el Norte." Los niños eventualmente se establecerán en el Norte y cuidarán las propiedades y el dinero que sus padres transfieran al Norte mientras estén en el poder.

Aunque millones de ciudadanos se quejan de esta dependencia, siempre es en vano. Los líderes en algunos países en desarrollo han establecido una cultura que ha hecho que el éxito de sus economías dependa del Norte.

Inestabilidad Política

La estabilidad política es muy importante para el desarrollo económico de un país. Un país que atraviesa cambios continuos de gobiernos o funcionarios nunca podrá lanzar una economía. Un gobierno necesita estabilidad para poder concentrarse en sus proyectos y en lo que debe hacerse en cada área.

Además, un país que atraviesa una guerra civil, por ejemplo, nunca tendrá el tiempo, la energía ni el dinero para avanzar porque el punto focal está en la guerra y no en la economía. Desafortunadamente, muchos países en desarrollo se encuentran atrapados en guerras civiles en algún momento. Una guerra civil, como sabemos, puede prolongarse durante años y causar enormes pérdidas en términos de vidas, dinero e infraestructura.

En ese momento, los ciudadanos deberían tener la última palabra para expresar su deseo de llamar a todas las milicias o guerrillas (o como se les llame en ese país) a cesar el conflicto. Es interés de todos enfocarse en arreglar la economía y volver a encaminar el país. Los ciudadanos tienen derecho a vivir sus vidas y cumplir sus sueños. No quieren estar atrapados en medio de un conflicto entre dos gobiernos o dos partidos que se desafían mutuamente.

Nací en un país en desarrollo y sé que cada ciudadano tiene sueños simples: tener un trabajo, una casa, una familia, un automóvil y, especialmente, estabilidad.

Casi todos los seres humanos creen que la política es un juego sucio. Otra creencia común es que, a diferencia de otros juegos, la política no tiene reglas. Desafortunadamente, cuando ese ser humano asume el poder, olvida ese dicho. El poder, el dinero, la lujuria y el prestigio dominan a esa persona y la vuelven contra su propia especie. Se dice que los humanos son la única especie que se odia y se mata entre sí. Un león nunca mata a otro león, y un perro nunca mata a otro perro.

La estabilidad política es esencial para la estabilidad económica. Sin embargo, lo contrario puede hacer que un país pierda toda calidad de vida y todos los medios para sobrevivir. La inestabilidad política hizo que muchos países retrocedieran cientos de años. La gente perdió todo lo que tenía, todo por lo que trabajó, casi a todos sus seres queridos y, especialmente, sus sueños. Quizás, al final del conflicto, la gente se preguntaría si esa guerra en particular era necesaria. Cuando terminó la Segunda Guerra Mundial, la gente hizo una pregunta interesante: "¿De qué se trataba todo eso?" Debemos tener en cuenta que sería extremadamente difícil iniciar una economía después de un período de guerra civil.

El Occidente y los Países en Desarrollo

Muchas personas en los países en desarrollo culpan al Occidente o a los países ricos por su pobreza. Piensan que estos países ricos están tomando sus recursos casi gratis para desarrollarse, dejándolos sin medios para producir bienes y servicios.

Algunos afirman que sus gobiernos son cómplices del Occidente para mantenerlos pobres. Algunos líderes son acusados de servir al Occidente a cambio de derechos de residencia para ellos y sus familias. Además, muchos resienten al Occidente por permitir que algunos líderes transfieran millones de dólares a bancos occidentales fácilmente, sin preguntarles sobre el origen de esas fortunas. En Estados Unidos, por ejemplo, si una persona deposita más de 10,000 dólares, el gobierno tiene el derecho de preguntar por el origen de ese dinero; podría provenir de lavado de dinero u otras prácticas nefastas. Francia es otro ejemplo que tiene leyes estrictas en cuanto a depósitos de los ciudadanos. Los ciudadanos no pueden depositar más de 1000 euros por miedo a que el gobierno les pida el origen de ese dinero. Irónicamente, ambos países permiten la transferencia de millones de dólares a cuentas personales por parte de líderes de países en desarrollo sin preguntarles por el origen de ese dinero.

Algunos ciudadanos de países en desarrollo piensan que Occidente está usando sus tierras como despensas para alimentar a su gente. Debido al costo de producción de frutas, verduras, cereales y otros productos, Occidente prefiere comprar estos cultivos a países "despensa" por unos pocos dólares. Dado que los cultivos son baratos en dólares, y que los campesinos o agricultores en países en desarrollo ganan en promedio entre 0.65 y 2 dólares al día, el costo es mínimo y la ganancia enorme. Las mismas prácticas ocurren con la producción de ropa, máquinas, herramientas, telas y otros artículos. Por eso, muchas plantas de producción fueron trasladadas a países en desarrollo debido al bajo costo y las grandes ganancias.

Corrupción

La corrupción, el cáncer económico, ha consumido todos los aspectos de la vida en los países en desarrollo y ha contribuido a la pobreza de millones. Lamentablemente, la etiqueta de corrupción suele asociarse automáticamente con los líderes de estos países; cuando se pregunta por las causas de la pobreza allí, muchos señalan directamente a la corrupción. Tristemente, hay funcionarios que parecen preocuparse únicamente por su propio bienestar y el de sus familias.

Es un hecho bien conocido en algunas naciones que los altos funcionarios desvían dinero directamente del tesoro, malversan los ingresos provenientes de recursos naturales como diamantes y oro, o aseguran préstamos bancarios que nunca tienen intención de pagar.

Algunos ministros o miembros del gabinete, al no tener acceso directo al tesoro, pueden sabotear intencionadamente la producción de ciertos bienes o el cultivo de granos, frutas y verduras específicas. Esto crea escasez en el mercado, lo que les permite importar estos productos desde el Norte, desviando el dinero de manera astuta y engañosa. Por ejemplo, estos funcionarios podrían dirigirse a granjas que producen productos esenciales para cerrar acuerdos opacos para comprar estos productos y así aliviar la escasez. Una vez que identifican una granja adecuada, hacen una oferta al administrador. Dado el volumen de la compra—destinada a satisfacer la demanda de toda una nación—el agricultor suele aceptar el trato, que garantiza un negocio significativo y sostenido para su granja. Hasta aquí, todo parece legítimo. Sin embargo, la mala práctica ocurre cuando los funcionarios insisten en que el agricultor deposite cualquier comisión directamente en sus cuentas bancarias personales, en lugar de hacerlo en el tesoro nacional. Además, estos funcionarios consistentemente omiten reportar estas comisiones a sus superiores. Si un agricultor rechaza el trato, sospechando un fraude con fondos gubernamentales, los funcionarios simplemente continúan buscando hasta encontrar un socio complaciente.

En segundo lugar, algunos funcionarios buscan agricultores que puedan suministrar productos que se hacen deliberadamente escasos—nuevamente para facilitar la importación con fines personales. En estos esquemas más engañosos, los funcionarios piden al agricultor inflar la factura y depositar la diferencia en su cuenta personal. Por ejemplo, supongamos que un kilogramo de tomates cuesta $2 en granjas europeas, y la nación requiere alrededor de 3 millones de toneladas al año. Un funcionario podría instruir al agricultor para que liste $3 por kilogramo en el recibo. Si el agricultor acepta, emitiría un recibo por $9 millones en lugar de $6 millones, y la diferencia de $3 millones se depositaría en la cuenta bancaria personal del funcionario. Si el agricultor se niega, sospechando fraude gubernamental, el funcionario seguirá buscando otro agricultor dispuesto a cumplir con este arreglo corrupto. Este patrón se repite cada vez que hay escasez de algún producto, demostrando la magnitud de los fondos que estos funcionarios desvían para su enriquecimiento personal.

Estas prácticas se extienden a otras compras esenciales como equipo médico para hospitales, maquinaria para fábricas, armas para el ejército y aeronaves para aerolíneas. Si todos los funcionarios participan en este comportamiento, el país podría perder millones, si no miles de millones, de dólares, lo que llevaría al cierre de granjas y fábricas y a despidos masivos, mientras el gobierno importa todo. La mayoría de las personas en países en desarrollo son conscientes de estos tratos corruptos pero se sienten impotentes para detenerlos debido al miedo a represalias oficiales y a la magnitud de la corrupción.

Irónicamente, los gobiernos de los países en desarrollo a menudo culpan a sus ciudadanos de ser perezosos y descuidados, empleando una táctica descrita por Noam Chomsky: "Para controlar a las personas, hazles creer que son la causa de su propia pobreza y miseria." Además, los gobiernos acosados tienden a creer que todos conspiran contra ellos. Por otro lado, los ciudadanos acusan a sus líderes de corrupción y de falta de interés genuino en mejorar el bienestar nacional. También critican a sus gobiernos por comprar armas continuamente solo para reprimir cualquier levantamiento, sin percibir ninguna amenaza externa, solo hostilidad gubernamental hacia su propio pueblo. Este ciclo de acusaciones mutuas se intensifica a diario, llevando la situación a un punto de ebullición que parece inevitablemente destinado a estallar. Es solo cuestión de tiempo antes de que cada país alcance su punto de quiebre.

Como conclusión, para combatir la corrupción, un gobierno serio debe asegurar que todas sus importaciones y exportaciones sean analizadas por el parlamento. Nada debe comprarse sin la aprobación parlamentaria. Además, es crucial establecer comités en todos los niveles para supervisar cada compra y transacción para evitar fugas financieras, que pueden dañar severamente la economía, especialmente en un país con infraestructura económica débil y supervisión mínima. Por último, el parlamento debe promulgar leyes estrictas que castiguen a quien malverse fondos gubernamentales, tratando tales actos como un crimen federal con consecuencias severas.

Gasto Militar en los Países en Desarrollo

Los países en desarrollo a menudo compran grandes cantidades de equipo militar al Norte debido al miedo a posibles guerras o agresiones. Prefieren vivir con miedo en lugar de buscar la paz. Sin sugerir una suspensión total de la compra de armas, sería aconsejable que estos países invirtieran más en mejorar sus economías para aumentar el bienestar de sus ciudadanos en lugar de gastar excesivamente en armamento. Hacer las paces con posibles adversarios suele ser una solución mejor, más rápida y menos costosa que librar guerras o acumular armas, lo que priva a los ciudadanos de recursos esenciales para su supervivencia. En algunos casos, los países cuentan con fondos para armamento pero carecen de medios para comprar alimentos o medicinas para su población. Muchos ciudadanos creen que sus gobiernos adquieren tales armamentos únicamente para reprimirlos en caso de protestas o levantamientos relacionados con la situación económica.

Aprender de las experiencias de Japón y Alemania después de la Segunda Guerra Mundial podría ser beneficioso. Ambas naciones, despojadas de sus capacidades militares, redirigieron sus inversiones del gasto militar al desarrollo económico.

Hoy, Alemania posee la economía más fuerte de Europa y Japón tiene la tercera economía más grande del mundo. Japón mantiene una fuerza militar de aproximadamente 247,000 efectivos en un país de 125 millones de personas, mientras que Alemania cuenta con unos 181,000 militares en una nación de 83 millones. De manera similar, Sudáfrica, con una población de 59 millones, mantiene poco más de 40,000 soldados en servicio activo, eligiendo no destinar fondos excesivos al gasto militar.

En el mundo actual, la guerra se ha vuelto más sofisticada que nunca, y el tamaño no determina el poder. Se pueden gastar miles de millones en capacidades militares, pero un enemigo aún podría atacar recursos cruciales para la supervivencia usando drones indetectables. Podrían atacar campos de gas y petróleo, plantas eléctricas, presas de agua o incluso contaminar el agua potable con virus mortales o agentes biológicos, representando una amenaza significativa para la población.

Este tipo de guerra no duraría meses o días, sino solo unas pocas horas. Con la tecnología actual de drones, incluso los portaaviones son vulnerables y enfrentan un peligro significativo. Los países gastan miles de millones de dólares para construir estos portaaviones y equiparlos para viajes prolongados, pero solo un par de drones podrían hacerlos hundirse.

Por lo tanto, "es interés propio de los países prepararse para la paz en lugar de para la guerra." Es mejor invertir todo ese dinero en tecnología, investigación, agricultura o al menos en pequeñas industrias como la fabricación de automóviles, televisores, refrigeradores, lavadoras y teléfonos móviles, y facilitar la vida de las personas en lugar de gastar miles de millones en equipo militar.

Burocracia

La burocracia es otro obstáculo en muchos países en desarrollo. Se requiere una cantidad excesiva de papeleo incluso para las tareas más pequeñas. Por ejemplo, para abrir un pequeño negocio, la ciudad o a veces incluso el gobierno federal exige una multitud de documentos y fotografías para completar un "dossier." Este dossier podría incluir tu acta de nacimiento, las actas de nacimiento de tus padres, comprobante de residencia, tus fotografías, tu grupo sanguíneo, un certificado de antecedentes, un documento que confirme que no posees otro negocio, comprobante de estado fiscal, estado de empleo y, notablemente, prueba de que votas regularmente. Para solicitar vivienda, olvídalo — necesitarías montones de documentos legales. Un "dossier" estándar podría tomar semanas para prepararse para un ciudadano, y si es para vivienda, un negocio o incluso un pasaporte, podría tardar meses. A menudo, las personas abandonan sus proyectos debido a la abrumadora cantidad de documentos requeridos, algunos de los cuales son casi imposibles de obtener. Algunos ni siquiera intentan sus proyectos, sabiendo el tiempo y las molestias que implica reunir todo el papeleo necesario.

El propósito de estos documentos a menudo no está claro, aunque los funcionarios afirman que son necesarios para prevenir fraudes y engaños. En realidad, la mayoría del fraude ocurre a niveles superiores por altos funcionarios y puede costarle millones de dólares al país. En Estados Unidos, procesos o papeleos similares tomarían solo unos pocos días. Por ejemplo, para solicitar un pasaporte, todo lo que necesitas es tu acta de nacimiento, dos fotografías, una solicitud y una tarifa de servicio. Quizás bastan un par de horas para completar esta tarea. Además, no siempre tienes que visitar la oficina designada en persona; simplemente puedes enviar el papeleo por correo y esperar un par de semanas para recibir tu pasaporte en casa.

La solicitud pide tu nombre, fecha de nacimiento, lugar de nacimiento, género, dirección y dónde enviar el pasaporte completo — ¡eso es todo! Para disuadir el fraude en Estados Unidos, el formulario incluye un aviso legal al pie. Advierte a los solicitantes sobre mentir o cometer cualquier tipo de fraude, indicando que tales acciones podrían resultar en una multa de $5,000 y seis meses de cárcel. Al leer esta advertencia, un solicitante probablemente pensará dos veces antes de proporcionar información falsa. Este método para obtener un pasaporte no solo es eficiente sino también efectivo para prevenir fraudes. La misma técnica se aplica en varios departamentos; cada formulario incluye una advertencia legal específica que insta al solicitante a proporcionar información veraz o enfrentar consecuencias legales. Vale la pena destacar que en Estados Unidos, la mayoría de los departamentos solo requieren tu identificación, que es suficiente para fines de identificación, reduciendo el papeleo, ahorrando tiempo y dinero, y minimizando molestias.

El servicio al cliente en la mayoría de los departamentos de muchos países en desarrollo es deplorable. A menudo, los empleados tienen una educación mínima o nula, tratan mal a los ciudadanos y los hacen esperar horas. Se forman colas interminables para documentos aparentemente innecesarios, como actas de nacimiento. Sabiendo la desesperada necesidad de los ciudadanos por estos documentos, algunos empleados no dudan en exigir sobornos para agilizar el proceso. Las quejas sobre este trato típicamente caen en oídos sordos, sin avances para obtener los documentos necesarios. Esto constituye una forma sutil de abuso; es degradante y perjudica la calidad de vida.

El servicio al cliente ha degradado durante mucho tiempo la calidad de vida, perpetuando condiciones precarias porque nadie se queja o escucha. Cuando las quejas no son atendidas, todos los servicios y comodidades permanecen pobres, obsoletos y a menudo inaceptables. Un servicio al cliente efectivo es esencial para mejorar la calidad de vida de los ciudadanos.

Inflación y Precios Altos

Los precios en los países en desarrollo son perpetuamente inestables. En algunos lugares, los precios fluctúan diariamente. Los gobiernos fallidos a menudo no ofrecen una explicación convincente a sus ciudadanos. En ocasiones, culpan a ciertos empresarios y dueños de fábricas de especular y aumentar los precios solo para distraer de la incapacidad del gobierno para proveer bienes y servicios a precios razonables. Muchos empresarios han sido injustamente encarcelados mientras los gobiernos buscan justificar sus deficiencias.

Para reducir los precios, solo existe una teoría y una solución: ¡producir, producir y producir! En otras palabras, un país debe tener muchas fábricas para producir todo tipo de bienes y servicios. El número de fábricas, ensambladoras, plantas y administraciones debería ser proporcional a la población. Por lo tanto, para mantener los precios bajos, estas plantas y fábricas deberían operar continuamente. Por definición, cuando la oferta es alta, los precios automáticamente caerán. Sin embargo, si la producción está ausente, la demanda superará la oferta y los precios continuarán subiendo. Por ejemplo, si los agricultores producen un excedente de todo tipo de frutas y verduras anualmente, la oferta superará la demanda y, en consecuencia, los precios disminuirán. Ahora, los ciudadanos pueden permitirse comprar lo que necesitan por solo unos pocos dólares. Como resultado, el valor de la moneda aumentará — por ejemplo, $10 podrían comprar alimentos para toda una semana. Por lo tanto, la gente tendrá dinero extra para otros artículos económicos, sintiendo que su dinero tiene un poder adquisitivo considerable. Así, el gobierno no necesitará imprimir dinero con frecuencia porque la gente tendrá fondos excedentes. Ahora, considerando el poder adquisitivo de $10, imagina lo que $100 podrían hacer. Al final del día, alguien que gane $500 a la semana se sentiría relativamente acomodado.

Cuando las personas tienen dinero extra, tienden a gastarlo en otros bienes, necesidades, deseos, servicios e incluso ocio, todo lo cual está disponible localmente. Cuanto más dinero gasten, más minas, granjas, fábricas, plantas y líneas de ensamblaje seguirán produciendo bienes y servicios. Cuantos más bienes y servicios se produzcan, más personas conservarán sus empleos. Todo el ciclo es como una cadena; todo está interconectado. Si una parte de la cadena falla, todo el sistema se verá afectado.

El gobierno también puede desempeñar un papel fomentando que la mitad de la población produzca y la otra mitad compre sin cesar. A través de medios de comunicación, comerciales y propaganda nacional, el gobierno puede educar a la población sobre este ciclo económico, animándolos tanto a producir como a consumir extensamente para mantener la felicidad general.

Si un país produce más de lo que necesita, el excedente puede usarse para trueque, exportaciones o preservarse para contingencias futuras como guerras, sequías, hambrunas o preocupaciones de seguridad nacional.

Si un país importa continuamente bienes, alimentos y servicios, el resultado será extremadamente costoso. Importar todo significa no tener minas, fábricas ni granjas — y como resultado, los ciudadanos no tendrán empleo, creando una carga significativa para el gobierno. Los ciudadanos se volverán cada vez más infelices y la ira crecerá a diario. Eventualmente, el gobierno enfrentará dos opciones: o apoyar financieramente a los desempleados o confrontar a una población enojada, lo que podría conducir a una revolución. Cualquiera de las dos opciones es costosa, por lo que es en el mejor interés del gobierno construir tantas fábricas, limpiar millones de acres de tierra cultivable y abrir tantas minas como sea posible para proporcionar empleos a los desempleados. Un gobierno sabio optaría por construir todo, lo que probablemente cueste lo mismo o menos que mantener a jóvenes desempleados.

Algunos países, como Argelia, han otorgado grandes préstamos y donaciones a jóvenes para iniciar pequeños negocios. La mayoría de estos negocios fracasaron debido a la falta de experiencia, falta de una visión económica o porque ingresaron a mercados inadecuados para ellos. Sin embargo, estos países habrían estado mejor usando esos fondos para construir fábricas y plantas, proporcionando empleos a los desempleados. Este enfoque habría sido más rápido, barato y efectivo. Además, tales soluciones rápidas solo mantendrían ocupada a esa generación por un corto tiempo, mientras que construir fábricas y líneas de ensamblaje beneficiaría a esa generación y a las siguientes.

Para mantener una economía saludable con baja inflación, menos dinero impreso, un alto valor de la moneda nacional y un fuerte poder adquisitivo del consumidor, la producción extensa de bienes es la única solución sostenible y clave para la supervivencia.

Distracción

Algunos gobiernos en países en desarrollo se han vuelto expertos en distraer a sus ciudadanos para mantenerlos desinformados o inconscientes de lo que sucede tras bastidores en política, economía y asuntos sociales. El fútbol se ha convertido en la herramienta definitiva de distracción, hasta tal punto que algunos países ahora albergan animosidad entre sí por los resultados de los partidos. El fútbol ha adquirido una importancia mayor que la religión en muchas sociedades. Esta táctica de distraer a los ciudadanos fue iniciada por primera vez por el Imperio Romano cuando las cosas no iban bien para los romanos. César comenzó una serie de competiciones de gladiadores para mantener a los romanos distraídos y ajenos a su bienestar económico y social. Un erudito egipcio, el Sr. Gezzali, comentó: "Me sorprende que la gente grite y llore por la pérdida de un partido de fútbol pero no llore por la pérdida de sus países y civilizaciones."

El fútbol es solo una distracción de 90 minutos de nuestras vidas diarias. No ha acabado con la pobreza mundial, ni ha ayudado a los niños a tener acceso a alimentos, atención médica o educación. El fútbol nunca ha detenido guerras, conflictos militares, genocidios o la llegada masiva de refugiados que dejan todo lo valioso atrás. Nunca ha terminado con las violaciones de los derechos humanos ni ha difundido la democracia. Según Noam Chomsky, "la mejor defensa contra la democracia es distraer a la gente." Algunos gobiernos en países en desarrollo ahora buscan cualquier forma de distraer a sus ciudadanos para hacerles olvidar sus problemas y miserias. Algunos incluso han recurrido a proporcionar drogas de todo tipo solo para mantener el orden, esperando que dure.

Los gobiernos en países en desarrollo a menudo culpan al Occidente por la decadencia y miseria que su pueblo sufre, lo cual es otro tipo de distracción. Frecuentemente invocan el viejo colonialismo, el imperialismo mundial y un enemigo siempre vigilante, buscando siempre excusas para cubrir sus fracasos y evadir responsabilidades. Estos gobiernos no han tomado la iniciativa de emular al Occidente en los aspectos donde sobresale y cómo mejora la vida de sus ciudadanos. Algunos líderes pasan la mitad del año en países occidentales pero nunca toman medidas para implementar lo que han visto y aprendido allí. Para ellos, Occidente es un paraíso, un paraíso que no debe compartirse con nadie más.

Los gobiernos se han vuelto astutos en cómo distraen a sus ciudadanos para que no presten atención a la política o a la economía. Por ejemplo, crean escasez de bienes y servicios necesarios, lo que hace que la gente pase demasiado tiempo hablando, preocupándose y esforzándose por obtener estos productos. A veces, hacen largas filas solo para comprar artículos esenciales como una barra de pan, aceite de cocina o un cartón de leche.

Deforestación/Desertificación y Reforestación

Plantar millones, si no miles de millones, de árboles es el camino a seguir; proporciona más alimentos, más oxígeno y mejor protección para nuestro medio ambiente. Millones de acres de árboles han sido destruidos por diversas razones; las empresas madereras cortan miles, si no millones, de árboles cada año. Se informa que África Central pierde cada año un área tres veces el tamaño de Nueva Jersey en árboles. Además, millones de árboles son destruidos por incendios cada temporada, y muchos más son usados por personas empobrecidas que carecen de gas para cocinar. La falta de gas para cocinar y, a veces, los altos precios han llevado a miles, si no millones, de personas pobres a talar árboles; como consecuencia, algunas regiones se han vuelto áridas o se han convertido en desiertos. En algunas áreas, la demanda de leña ha elevado el costo de un cesto a más de cien dólares. Por ejemplo, en la República del Congo, el 90% de las familias utilizan carbón vegetal para cocinar. Según enoughproject.org, la demanda de carbón vegetal en el Congo ha dado lugar a la formación de carteles que producen y venden leña, resultando en luchas de milicias por el control de ciertas regiones, incluido el parque nacional más antiguo de África. La República del Congo no es el único país que depende en gran medida del carbón vegetal; muchos otros tienen una dependencia similar, aunque en distintos grados. Haití es otro país que depende del carbón vegetal para cocinar; según blogsworldbank.org, el 80% de los hogares urbanos usan carbón como su principal combustible para cocinar. Mis estudiantes haitianos reportan que el país casi no tiene árboles debido a la demanda de carbón vegetal.

La quema extensiva de árboles para carbón podría ser la segunda o tercera causa principal del agotamiento de la capa de ozono, una gran preocupación global. Para combatir este problema, es imperativo que los gobiernos de los países en desarrollo planten la mayor cantidad posible de árboles lo antes posible. Este es un proceso sencillo, pero requiere un esfuerzo significativo y decisiones políticas y económicas serias. Los gobiernos deben educar a sus ciudadanos sobre los peligros económicos, sociales y ambientales causados por la falta de árboles, usando todos los medios disponibles de comunicación, medios y carteles. Deben motivar a sus ciudadanos a ofrecerse como voluntarios para plantar la mayor cantidad posible de árboles y proteger estos valiosos recursos. Los gobiernos también pueden contar con la ayuda del personal militar para plantar árboles. Es una cuestión de supervivencia para algunos países; por lo tanto, debe ser un esfuerzo nacional.

Como ejemplo, Etiopía, un país en desarrollo que está logrando un progreso significativo, completó recientemente la Iniciativa Legado Verde. El 29 de julio, el gobierno inspiró a todos los ciudadanos a participar en un evento de un día para plantar árboles con la meta de plantar 200 millones de plántulas. Sorprendentemente, en 12 horas, los ciudadanos motivados superaron la meta, plantando más de 350 millones de plántulas — un logro asombroso que demuestra a otras naciones la viabilidad de tales proyectos con suficiente compromiso. Según BBC.com, el Partido Laborista se ha comprometido a plantar 2 mil millones de árboles para 2040.

China es otro modelo de plantación de miles de millones de árboles por razones económicas y ambientales. Según la revista Time, el presidente chino se comprometió a plantar 70 mil millones de árboles como parte de su compromiso con el lema "Verde para Nuestro Planeta," destinado a aumentar los sumideros de carbono forestales y combatir el cambio climático.

Una iniciativa brillante y alentadora fue tomada por Nepal — un país sin salida al mar en el sur de Asia — hace algunos años. Como forma de impuesto, el plan requería que cada turista plantara personalmente un árbol o patrocinara uno, contribuyendo a la protección ambiental. El Ministerio de Turismo adoptó el lema "Turismo Respondiendo al Desafío del Cambio Climático," una forma inteligente de motivar a las personas e involucrar a todos los interesados.

Desertificación

La desertificación, o el avance del desierto, ha sido un fenómeno continuo en varios países, especialmente en regiones cercanas a los desiertos. Debido a la sequía y las tormentas de arena, miles de millas de tierras fértiles se han convertido en desiertos. La República de Argelia ha sufrido enormemente por esto. A finales de los años 60 y principios de los 70, Argelia fue quizás el primer país del mundo en tomar medidas para detener la desertificación con un proyecto llamado "La Presa Verde." Según lejournaldelafrique.com, el gobierno plantó 370 millones de árboles jóvenes a lo largo de 3 millones de hectáreas. El objetivo principal era combatir la desertificación y proteger su flora, agricultura y acuíferos.

Hoy, es crucial que todos los países en desarrollo del mundo combatan la deforestación y la desertificación y emprendan la plantación de árboles. Debe ser un asunto de orgullo nacional y un llamado a la acción para proporcionar un mejor ambiente y una Tierra más limpia para nosotros, nuestros hijos y las generaciones futuras.

El Peligro de la Dependencia del Norte

Aunque la mayoría de los países en desarrollo poseen todo tipo de factores de producción, a veces en millones de toneladas, no pueden siquiera producir "una aguja." Todo lo que necesitan viene del Norte. Gradualmente, esta dependencia ha llevado al estancamiento y subdesarrollo en todos los sectores. Los empleos se han vuelto escasos, el desempleo aumenta drásticamente, la inflación está por las nubes y el poder adquisitivo se ha desplomado. Todo esto probablemente conducirá a disturbios en muchos países en desarrollo en los próximos años.

Es urgente reconocer el peligro de las condiciones de vida de millones de personas en estos países. Esto, tarde o temprano, llevará a un éxodo masivo hacia el Norte. Es solo cuestión de tiempo. Miles de hombres, mujeres y niños de África están cruzando el Mar Mediterráneo mientras hablamos.

Desafortunadamente, algunos de estos jóvenes nunca llegan al otro lado. Decenas de cuerpos flotan actualmente en el Mediterráneo, ya que la mayoría de estas embarcaciones son baratas, algunas incluso de plástico, y no pueden resistir las olas fuertes.

La falta de empleos, viviendas y casi todo lo que uno puede soñar está empujando a cada persona a considerar cruzar fronteras y mares. Es tiempo de que los líderes mundiales actúen y busquen soluciones para prevenir estos posibles éxodos hacia el Norte, lo cual tensionaría y posiblemente paralizaría sus economías. La ayuda financiera, ayuda alimentaria, préstamos y regalos a países en desarrollo o sobornos a sus líderes no han resuelto el problema. Se dice a menudo: "No le des un pez a un hombre cada día; en cambio, enséñale a pescar." Las organizaciones internacionales han estado ayudando a los países en desarrollo durante décadas, pero esta ayuda solo ha proporcionado sustento a corto plazo. Ahora, estas naciones están de vuelta en el punto de partida. Estas organizaciones deberían haber enseñado a la gente a cultivar alimentos, construir infraestructura y empezar pequeños negocios en lugar de solo alimentarlos.

La Propiedad Privada Puede Ser Dañina para la Economía

A veces, la propiedad privada es perjudicial para la economía debido a su naturaleza monopolística en casi todos los niveles. Por ejemplo, en el caso de las frutas y verduras, muchos agricultores producen intencionalmente cantidades limitadas o controlan la producción de ciertos productos para mantener los precios altos y maximizar las ganancias. Esto también ocurre con los agricultores que producen carne blanca y roja, y productos lácteos, quienes deliberadamente mantienen la producción baja para conservar precios elevados.

La misma estrategia la aplican los pescadores que capturan solo cierta cantidad de peces para mantener los precios altos. No se esfuerzan por pescar más, contentos con atrapar lo justo para asegurar ganancias sustanciales. Así, cuando un cliente va a comprar pescado o camarones, el pescador dice: "Casi no hay pescado en el océano, y eso es todo lo que tengo," lo que justifica los precios altos. En consecuencia, los clientes terminan pagando precios exorbitantes por los mariscos.

Para abordar este problema, el gobierno debería intervenir de dos maneras:

1. Regular los precios a un nivel que los consumidores puedan pagar. Sin embargo, esto puede llevar a que los productores reduzcan aún más su producción o abandonen el mercado por completo, dejando a los consumidores con dificultades para encontrar frutas, verduras, pescado u otros productos que necesitan y desean.

2. En situaciones como estas, a menudo es beneficioso que los gobiernos sean propietarios de los medios y lugares de producción. A diferencia de los especuladores privados que son impulsados por la

codicia y desatienden el poder adquisitivo de los ciudadanos, los gobiernos suelen considerar el bienestar de su población.

El gobierno necesita poseer sus propias granjas y fábricas para competir con los especuladores que buscan obtener ganancias sustanciales en un corto período controlando la oferta del mercado. La competencia entre los productos del gobierno y los ofrecidos por los propietarios privados mantendrá a los especuladores honestos, evitará que exploten a los consumidores y ayudará a mantener los precios en un nivel que la mayoría de los ciudadanos pueda pagar.

El Monopolio es Malo para la Economía

Monopolio significa que una persona o empresa tiene permitido invertir en un tipo específico de negocio, bienes o servicios, pero no permite que ninguna otra entidad entre en el mismo mercado. Esta empresa busca producir ciertos productos sin competencia y, eventualmente, venderlos como quiera, donde quiera y cuando quiera.

En algunos países en desarrollo, individuos adinerados o ciertos empresarios y emprendedores solicitan exclusividad a su gobierno, convirtiéndose en los únicos productores, exportadores o importadores de ciertos bienes y servicios. Este concepto es muy perjudicial para la economía de ese país. Es comprensible si alguien, tras mucho trabajo e investigación, inventa algo nuevo y beneficioso para la sociedad y desea una patente para ser el único productor. Sin embargo, si se trata de un producto común o un artículo importado, y muchos emprendedores desean entrar al mismo mercado, entonces el gobierno debería permitir que cualquiera participe. En última instancia, los consumidores se beneficiarán de este enfoque no exclusivo. De lo contrario, esta teoría inhibiría los esfuerzos y la energía de otros emprendedores para ofrecer los mismos bienes y servicios.

Recuerda, mayor oferta significa precios más razonables que los consumidores pueden pagar. El gobierno debería incentivar que más emprendedores ingresen a los mismos mercados para que la competencia y múltiples esfuerzos proporcionen más y mejores bienes y servicios.

Los gobiernos de los países en desarrollo a veces son incapaces de proveer cosas a los consumidores por varias razones. En ocasiones, es la alta población la que crea una demanda sustancial, que requiere un suministro significativo. Otras veces, se debe a la falta de dinero, herramientas necesarias, las personas adecuadas para gestionar las operaciones, una buena red de transporte u otras preocupaciones. Si los gobiernos quieren tranquilidad, deberían fomentar y permitir que más emprendedores entren a cualquier mercado y rechazar la teoría de la exclusividad, junto con las leyes que la respaldan.

El monopolio conduciría a menos bienes y servicios en el mercado y precios más altos para múltiples necesidades y deseos en las sociedades. Los emprendedores pueden explotar este concepto para controlar la producción, venta, importación o exportación de ciertos artículos, elevando los precios y obteniendo ganancias exorbitantes. Como remedio económico, la intervención gubernamental es crucial.

Impuestos

La gente en todo el mundo no gusta de pagar impuestos, pero las personas educadas entienden que los impuestos son necesarios para construir una nación y su economía. Los impuestos existen desde hace miles de años. El primer registro de tributación en el antiguo Egipto data de hace aproximadamente 5000 años, cuando el faraón recaudaba el equivalente al 20% de la cosecha en impuestos. De manera similar, el antiguo sistema feudal asiático permitía a los emperadores recaudar impuestos sustanciales de los campesinos en forma de cultivos.

Hoy en día, los países desarrollados dependen en gran medida de los impuestos para construir y mantener infraestructura, y para proveer educación, atención médica y otros servicios importantes para sus ciudadanos. Los gobiernos también usan los impuestos para pagar los múltiples servicios que brindan los empleados federales.

Desafortunadamente, en muchos países en desarrollo, las personas, empresarios e incluso funcionarios se niegan a pagar impuestos. A menudo buscan formas de evadir el pago o no pagan la cantidad correcta que deben a sus gobiernos. Como resultado, los gobiernos de estos países luchan para pagar sus cuentas y deudas, y cuidar de sus ciudadanos. Incluso tienen dificultades para proveer servicios mínimos y disponen de poco dinero para construir nueva infraestructura o reparar edificios, carreteras, autopistas y espacios públicos existentes.

No pagar impuestos significa que los gobiernos deben subir los precios de todo. Por ejemplo, si un gobierno necesita $500 mil millones al año para funcionar correctamente y solo recauda $350 mil millones, existe un déficit de $150 mil millones. Esta falta ocurre porque algunos negocios, individuos adinerados y funcionarios no pagan impuestos. Es digno de mencionar que presidentes y funcionarios en estos países a menudo no pagan impuestos, creyendo estar exentos, a diferencia de Estados Unidos, donde presidentes y funcionarios deben pagar impuestos — un gran modelo a seguir para otros.

Para compensar el déficit de $150 mil millones, el gobierno debe subir los precios de muchos bienes y servicios. En consecuencia, en los países en desarrollo hoy en día, los precios de alimentos y servicios son más altos que en los países desarrollados. La carne, el pescado y las aves se han convertido en productos de lujo. La tierra, las propiedades y los negocios cuestan más en países en desarrollo que en los desarrollados. A una persona le puede tomar toda su vida ahorrar suficiente dinero para comprar una casa o un apartamento, o la mitad de su vida para permitirse un coche nuevo. Si la tendencia de no pagar los impuestos correctos continúa año tras año, los precios de bienes y servicios seguirán subiendo, llevando a una inflación catastrófica y empujando a millones a la pobreza.

Los gobiernos de los países en desarrollo deben educar a sus ciudadanos sobre la importancia de los impuestos para construir la economía, financiar servicios y reparar infraestructura como carreteras, puentes, escuelas y hospitales — creando así empleos. Los funcionarios también tienen la obligación de pagar impuestos para dar ejemplo al resto de la población.

La educación sobre el pago de impuestos no debe limitarse a debates televisivos o programas de radio; también debe incorporarse en los planes de estudio escolares. Los estudiantes de todas las disciplinas deberían estudiar economía, las leyes de la oferta y la demanda, y las economías globales. Deben aprender sobre los impuestos y la economía de su país para entender la importancia de los impuestos y cómo estos contribuyen a su futuro. De esta manera, los gobiernos podrán formar nuevas generaciones con un entendimiento sólido de la economía y cómo mejorarla. En Estados Unidos, las escuelas secundarias enseñan economía, ciencias políticas e incluso derecho, con capítulos dedicados a educar a los estudiantes sobre impuestos, comercio internacional, monedas y globalización. En última instancia, esta educación ayudará a los gobiernos a construir uno de los elementos más cruciales para formar una sociedad perfecta: ciudadanos responsables.

La Libertad de Prensa También es Buena para la Economía

Para mantener un control riguroso sobre la economía, el desempeño de alcaldes, gobernadores, funcionarios gubernamentales y todas las instituciones comerciales y federales, el gobierno debe garantizar la libertad de prensa. La libertad de prensa es una herramienta poderosa que puede impulsar a las sociedades hacia la mejora. A menudo, el presidente o su gabinete pueden desconocer lo que sucede en cada ciudad, pueblo o aldea. Periodistas preocupados visitarían estos lugares, hablarían con los ciudadanos y descubrirían los problemas que enfrentan. El gobierno tiene asuntos mayores que atender que investigar cada problema local, por lo que los periodistas son cruciales para asegurar que los ciudadanos vivan vidas correctas y dignas. Una buena vida hoy significa tener un empleo, una casa, acceso a educación, atención médica, agua limpia y seguridad en general. Desafortunadamente, la mayoría de estos derechos no están disponibles en muchos países en desarrollo, donde los ciudadanos ni siquiera pueden disfrutar de una vida decente.

Los periodistas pueden informar sobre casos de fraude, actividades sospechosas y transacciones o cualquier cosa que pueda dañar la economía del país. Una prensa libre mantendría a cada administración e institución en el camino correcto. La honestidad y el excelente servicio deberían ser el lema de toda institución en cualquier país. En el caso de los países en desarrollo, los periodistas también pueden encargarse de supervisar el desempeño de la agricultura, la industria, la construcción y la producción de ciertos productos sensibles. Algunos productos son críticos para la seguridad nacional. De hecho, muchas granjas y plantas han fallado y caído en incumplimiento por falta de supervisión.

Los periodistas también pueden vigilar los servicios prestados por instituciones y fuerzas gubernamentales, donde empleados y funcionarios se creen intocables. En países desarrollados y sociedades libres, el periodismo es considerado el cuarto poder. Esto significa que los periodistas supervisan todo, de manera similar a cómo el Congreso de Estados Unidos supervisa todo, incluyendo las acciones del presidente. Muchos países en desarrollo no reconocen la importancia de los periodistas; por el contrario, restringen sus actividades y controlan lo que escriben porque algunos funcionarios se involucran en actividades cuestionables.

Los periodistas deberían estar activos en todo el país para asegurar que todo funcione correctamente, al menos dando al gobierno electo algo de credibilidad y legitimidad.

Desafortunadamente, algunos países en desarrollo usan a los periodistas para engañar a los ciudadanos haciéndoles creer que todo va bien, para que permanezcan contentos con el statu quo. Este comportamiento ha exacerbado los problemas sociales, económicos y educativos, a veces de forma severa.

En ausencia de periodistas, problemas sociales como el crimen, las drogas, la prostitución e incluso enfermedades pueden propagarse con mayor facilidad. Por lo tanto, antes de que sea demasiado tarde, los periodistas pueden ayudar a acelerar soluciones y salvar la mayor cantidad de vidas posible.

Los periodistas también pueden denunciar casos de abuso, ya sea por parte de empleados federales o privados. Pueden exponer casos de racismo y maltrato hacia personas o minorías. En países que respetan a sus ciudadanos, los periodistas informan sobre la calidad del servicio prestado incluso por la empresa más pequeña.

Para mejorar las condiciones en los países en desarrollo, los gobiernos deben proteger ampliamente a los periodistas y su trabajo mediante leyes e inmunidad, permitiéndoles desempeñar sus funciones eficazmente. En Estados Unidos, por ejemplo, la Primera Enmienda de la Constitución protege tanto la libertad de expresión como la libertad de prensa. Cuando se otorgan tales protecciones a los periodistas, estos pueden informar sobre cualquier cosa que afecte la salud, el bienestar social y cualquier barrera que impida a las personas vivir vidas normales.

Teórica y prácticamente — para lanzar una economía efectiva — todo es factible y alcanzable; no entiendo por qué a los países en desarrollo les resulta difícil tomar decisiones serias y mejorar.

La Oposición

Los gobiernos deben aceptar que tener una oposición es beneficioso para el bienestar de una nación y su futuro. La oposición no está para derrocar al gobierno ni para librar una guerra real contra el presidente en funciones; nada es personal. Solo la presencia misma de la oposición sirve como recordatorio a quienes están en el poder de que el país realiza elecciones y que su mandato eventualmente terminará. Esto disuade a cualquier presidente en funciones de intentar cambiar la constitución a su favor para permanecer en el poder indefinidamente.

Es naturaleza humana estar satisfecho con su forma de vida, métodos, pensamiento y visión del futuro. Sin embargo, cuando un individuo siente que alguien lo está observando, a menudo se motiva a esforzarse por mejorar. El mismo principio se aplica a los gobiernos supervisados por una oposición. Incluso si el gobierno en funciones cumple con sus deberes, la presencia de una oposición puede impulsarlo a hacer más para mantenerse en el poder hasta el final de su mandato. La oposición es una institución efectiva que mantiene al gobierno en funciones en el camino correcto; de lo contrario, el gobierno podría tomarse su tiempo y actuar a su antojo, sin urgencia.

La oposición vigila cada paso y cada ley aprobada por el gobierno en funciones, sirviendo como una herramienta crucial para corregir errores y acciones no vistas. Identifica los errores del gobierno, lo responsabiliza y sugiere mejores soluciones. Muchos gobiernos han colapsado por la ausencia de una oposición seria — pensaban que iban en la dirección correcta, pero desafortunadamente no había nadie para corregir su rumbo. Esto suele suceder en dictaduras, donde los líderes creen saber más que sus ciudadanos hasta que llegan al punto en que ni siquiera pueden proveer necesidades básicas como la alimentación.

"La ausencia de la oposición siempre conduce a dictaduras."

Desafortunadamente, para mantener el poder, algunos gobiernos y líderes ineptos crean una oposición controlada desde dentro, fingiendo que se formó espontáneamente para mostrar a la comunidad internacional la apariencia de procesos democráticos. Este tipo de oposición suele obedecer al gobierno e intenta convencer a los ciudadanos de que las acciones del gobierno son beneficiosas. Algunos gobiernos corruptos llegan a nombrar leales como jefes de oficinas de derechos humanos. Como consecuencia, el presidente de la Oficina de Derechos Humanos defiende todas las acciones del gobierno y niega cualquier abuso cometido por este.

Tipos de Gobiernos Económicos

Si un Estado decide adoptar el capitalismo, debe adherirse a todas las reglas y teorías del capitalismo. Un país no puede aplicar selectivamente solo aquellos aspectos que prefiere porque, si el sistema falla, los líderes y ciudadanos podrían concluir erróneamente que el capitalismo en sí es inherentemente defectuoso.

No se puede tener capitalismo sin competencia, ya que la competencia es la base de la innovación, la mejora y la eficiencia. Permite a los productores ofrecer bienes y servicios a precios accesibles, lo que a su vez les ayuda a vender sus productos más fácilmente y permite a los consumidores satisfacer sus necesidades y deseos. La competencia fomenta la creación de mejores bienes y servicios y, en última instancia, conduce a precios más bajos. Los gobiernos deberían permitir la competencia y mantenerse al margen del mercado, tal como lo defendió Adam Smith. Tristemente, en algunos países en desarrollo, el gobierno controla incluso las importaciones y exportaciones de bienes y servicios. Esto podría ser manejable en países con pequeñas poblaciones, pero en naciones con grandes poblaciones, los gobiernos deberían permitir que cualquiera entre al mercado. Los gobiernos deberían enfocarse en otras preocupaciones. Por ejemplo, en Estados Unidos — líder en capitalismo — el gobierno supervisa principalmente las fuerzas policiales y militares, los servicios postales y los maestros de escuelas públicas, mientras que el sector privado maneja el resto de los negocios. Estados Unidos otorga libertad a los empresarios para importar y exportar todo excepto armas y drogas. El gobierno se enfoca en asuntos serios y evita obstaculizar las operaciones comerciales. Por lo tanto, los gobiernos de los países en desarrollo deberían alentar a los emprendedores a entrar a los mercados y facilitar cada paso para que estos produzcan bienes y servicios y los pongan a disposición de los clientes a precios razonables; ¡esta es su misión sagrada!

Tampoco se puede tener capitalismo sin la teoría de la oferta y la demanda. Los productores deben inundar el mercado con bienes y servicios para garantizar su disponibilidad en todo momento. Una oferta suficiente o excedente beneficiará a los consumidores. Los productos estarán accesibles y los precios se mantendrán razonables. Si la oferta es baja, los precios subirán y los clientes se sentirán insatisfechos. En tales casos, el gobierno debería intervenir para solucionar el problema.

Cuando los bienes y servicios son escasos o están disponibles en cantidades limitadas, los precios aumentan naturalmente. Los clientes pueden abstenerse de comprar, lo que puede desacelerar las ventas, la producción, el transporte y más. Como resultado, las fábricas pueden tener dificultades para vender sus productos a precios más altos. Cada vez que la producción disminuye, los dueños de fábricas pueden despedir empleados. Es un círculo vicioso que debe ser monitoreado por especialistas o comités. Enviar a los trabajadores a casa se convierte en una carga para el gobierno. En otras palabras, estos trabajadores presionarán al gobierno para crear nuevos empleos o dependerán de la asistencia social. La asistencia social es costosa para cualquier gobierno; a veces, los gobiernos necesitan solicitar préstamos a otros países. Por lo tanto, es del interés propio del gobierno monitorear el mercado para mantener a todos satisfechos.

Estoy a favor de que los gobiernos sean dueños de corporaciones y granjas significativas y supervisen la producción. Si el gobierno posee tierras y granjas, sería más fácil que la comida esté disponible en cualquier momento y lugar y a precios razonables, al menos para alimentar a quienes no pueden permitirse comprarla.

Laissez-faire, laissez-passer es otro componente del capitalismo. Esto significa que los gobiernos deberían permitir que los emprendedores produzcan lo que puedan, sin restricciones, excepto, como se mencionó antes, en la producción de armas y drogas. Aparte de eso, los emprendedores pueden aportar lo mejor a las sociedades. Los gobiernos conocen las necesidades y deseos de sus ciudadanos; en este caso, el gobierno puede guiar a los emprendedores sobre qué producir, cómo producirlo y para quién producirlo.

Es en el mejor interés de cualquier país en desarrollo que intente adoptar el capitalismo aplicar rigurosamente todas las teorías para lograr la cantidad y calidad de producción económica que necesita. Se recomienda la supervisión gubernamental de la economía porque es la única entidad que realmente se preocupa por el bienestar de la gente.

El Socialismo es Bueno para los Países en Desarrollo

Las Razones de la Caída del Socialismo

En teoría, el socialismo beneficia a los ciudadanos de cualquier país. Proporciona empleos, vivienda, atención médica, beneficios de seguridad social, beneficios por maternidad y protege los depósitos bancarios. Esto suena ideal, excepto que el socialismo ha fracasado en muchos países por varias razones profundas, lo que llevó al abandono de este sistema económico. El colapso del socialismo puede atribuirse tanto a razones políticas como prácticas, pero para mí, no se practicó como lo imaginaron los teóricos socialistas.

Por ejemplo, cuando la tierra se dividió entre campesinos o agricultores en países socialistas, se les decía qué producir, cómo producir y para quién producir. Hasta este punto, todo parece bien concebido. Sin embargo, quienes encargaron a los agricultores la producción nunca los supervisaron ni hicieron seguimiento.

Esencialmente, les dieron la tierra y las herramientas y luego los dejaron a su suerte, esperando que la producción ocurriera. Además, el gobierno nunca responsabilizó a ningún agricultor, lo que se convirtió en un fracaso práctico en todos los países socialistas. El gobierno debería haber realizado seguimientos, premiando a los mejores agricultores o reemplazándolos por otros más productivos que se preocuparan por la calidad del servicio. Si los agricultores supieran que podrían perder su tierra o ser reemplazados, estarían motivados a mantener su productividad.

La segunda razón de la caída del socialismo fue política. Todos los países capitalistas, especialmente durante la Guerra Fría, resentían el socialismo y el comunismo. Occidente criticaba estos sistemas, temiendo que dominaran el mundo. La Unión Soviética en ese momento estaba ansiosa por convencer a otros países de adoptar estos sistemas, en parte para desafiar a Occidente. En respuesta, Occidente luchó arduamente para evitar la expansión de esta filosofía y comenzó a difundir noticias y propaganda, incluso en escuelas y universidades, sobre las consecuencias negativas del socialismo y comunismo.

Millones llegaron a creer que estos sistemas eran perjudiciales para el bienestar de las personas.

Para mí, si Rusia no hubiera intentado forzar a otros países a adoptar estos sistemas durante el inapropiado momento de la Guerra Fría, podría haberse enfocado en hacer que el socialismo o comunismo fueran exitosos y demostrar al mundo que estas ideologías podrían ser beneficiosas para el bienestar de cualquier país. Muchos países occidentales resentían a Rusia y desalentaron a los países socialistas de centrarse en el progreso.

De esto podemos concluir que ahora es un momento oportuno para implementar el socialismo en los países en desarrollo para mejorar la vida de millones de ciudadanos. Los gobiernos de estos países pueden despejar tierras y dividirlas en grandes granjas, asignando estas tierras fértiles a agricultores especializados y serios que se preocupen por el futuro de su país. A los líderes de estas granjas se les debe proporcionar todas las herramientas y fondos necesarios para que las granjas tengan éxito. Estos líderes también deben recibir incentivos si hacen un buen trabajo produciendo alimentos y servicios abundantes. Deben entender que pueden ser reemplazados si pierden la confianza o no cumplen con la producción mínima de bienes y servicios necesaria para satisfacer el mercado.

Los gobiernos deben supervisar la producción en cada estado. Los estados deben establecer comités con especialistas a nivel municipal y estatal para rastrear el desempeño de estas granjas. En muy poco tiempo, cualquier país que adopte estas técnicas aumentará significativamente la producción de cultivos a niveles increíbles. Al hacerlo, podrán satisfacer las necesidades de los mercados locales y comenzar a exportar productos a otros países o intercambiarlos por artículos, bienes y servicios que les falten.

Propiedad Privada de la Tierra

La propiedad privada de la tierra presenta desafíos. Los propietarios y agricultores pueden controlar las cantidades y los precios de los cultivos. Algunos propietarios podrían decidir un día vender sus tierras para desarrollo inmobiliario, lo que resultaría en la pérdida de porciones significativas de tierra fértil. Por lo tanto, el beneficio nacional debe prevalecer sobre los beneficios privados. Para conservar sus tierras, los propietarios privados deberían contribuir a la producción de bienes y servicios para satisfacer todas las necesidades y deseos de los ciudadanos, si así lo desean.

Dictadura Económica

Es irónico sugerir que una dictadura económica podría ser beneficiosa para un país que enfrenta condiciones críticas o una economía lenta. Para elevar a un país así de su situación, se necesitaría una revolución industrial similar a la que ocurrió en Europa en el siglo XVII o la actual en China. No me refiero a los aspectos políticos, sino a los económicos, que han reducido dramáticamente la pobreza, impulsado el crecimiento económico y elevado a las empresas chinas a ser algunas de las mayores productoras del mundo. Por ejemplo, en 2022, el 40% de los bienes y suministros importados a Estados Unidos provenían de China. Esto es un testimonio del verdadero desarrollo económico. China parece estar en una carrera contra el tiempo, aparentemente esforzándose por superar a Estados Unidos y convertirse en la próxima superpotencia.

Según el Instituto Cato, China se está convirtiendo en "la dictadura perfecta." En otras palabras, las reformas económicas agresivas pueden, a veces, beneficiar a una nación.

Implementar un plan agresivo significa iniciar una serie de medidas económicas para impulsar la economía a un ritmo riguroso. Quizás esto es lo que ha llevado a China a ser tan exitosa y audaz como para desafiar a cualquier superpotencia.

Turquía es otro ejemplo de una forma menos agresiva de dictadura económica. En 1980, el país adoptó nuevas reformas económicas y liberales; en otras palabras, tomó decisiones económicas y políticas fuertes para impulsar al país hacia adelante. Hoy, el presidente Erdogan quiere que Turquía sea un país desarrollado y aspira a que forme parte de la Unión Europea. Según el FMI, el PIB de Turquía alcanzó los 905 mil millones de dólares en 2022. Turquía ahora posee una economía de mercado mixta, siendo la 19ª economía más grande del mundo en 2023. El país es líder en la producción de vehículos motorizados, materiales de construcción, productos agrícolas, textiles, equipos de transporte, electrónica de consumo y electrodomésticos. Hoy en día, las Naciones Unidas clasifican a Turquía como un país desarrollado después de años de ser considerado en desarrollo. Turquía también es miembro del G20, un indicador del rápido progreso del país.

Turquía incluso ha avanzado en la producción de equipo militar y aviones de combate, incluido el famoso dron de combate Bayraktar, uno de los mejores drones controlados remotamente, que cuesta entre 5 y 6 millones de dólares cada uno. Debido a su alto desempeño en la guerra ruso-ucraniana — según PBS.org — Kuwait acaba de concretar un acuerdo para comprar estos drones fabricados en Turquía por 367 millones de dólares, suficiente para asegurar empleos durante los próximos diez años. Según Reuters, Arabia Saudita también cerró un acuerdo similar con Turquía para comprar este dron de combate. La suma no fue divulgada, pero se cree que es el mayor contrato de defensa que Turquía ha asegurado. Tales contratos pueden generar miles de empleos.

Una dictadura económica también requiere que todos los empleados en todos los sectores, ya sean privados o gubernamentales, produzcan lo que los consumidores necesitan. Sin embargo, el sector privado a menudo no se preocupa por las necesidades y deseos de los clientes; en cambio, se enfoca en producir bienes y servicios que generen ganancias rápidas. Debería ser como durante la Segunda Guerra Mundial, cuando el gobierno de Estados Unidos exigió al sector privado y a las pequeñas fábricas producir suministros militares debido a la alta demanda.

En conclusión, debemos decir que en décadas pasadas cualquier forma de dictadura se veía con efectos negativos para las personas y sus países. Hoy, la visión ha cambiado, ya que China está teniendo éxito; de alguna manera, esta dictadura económica es buena para el bienestar del país, pero no estoy seguro del bienestar de los derechos humanos. Gracias a las firmes decisiones de los gobiernos de China y Turquía, estos se han transformado en naciones fuertes con economías robustas.

Gobierno Perfecto

Para tener un gobierno perfecto, un país necesita una institución superior, como el Congreso o Parlamento, compuesto por muchos miembros serios y dedicados. Esta institución debería ser la máxima autoridad y poseer todo el poder en el país; el poder concentrado en una sola persona es una amenaza para el país, especialmente si esa persona llegó al poder mediante un golpe de Estado o lucha política. Para un líder así, un solo mandato suele ser insuficiente, ya que luchó arduamente contra el régimen anterior u otros partidos políticos. Este líder podría sentirse con derecho a más mandatos, lo que en algunos países puede llevar a 30 o 40 años en el poder. A menudo, tales líderes incluso consideran pasar el poder a uno de sus hijos.

Un país debería tener al menos tres o cuatro partidos políticos fuertes, incluidos partidos laborales y estudiantiles. Los tradicionales partidos Demócrata y Republicano están algo desfasados hoy y han perdido credibilidad con el tiempo, ya que no han cumplido sus promesas y han contribuido al empobrecimiento de la gente.

Además, estos partidos no representan los intereses de los trabajadores y estudiantes, que son la columna vertebral de un país, y rara vez abordan sus problemas. Estos grupos suelen ser ignorados en discusiones políticas y sociales, opacados por los deportes y la música. Adicionalmente, la inclusión de partidos progresistas y tecnocráticos es crucial, pues pueden impulsar el cambio e inspirar esperanza y motivación.

Cada gobierno municipal y estatal debería tener una versión reducida del gabinete que incluya departamentos como economía, comercio, industria, agricultura, justicia, obras públicas, educación, turismo y actividades culturales. Los gabinetes deben incluir funcionarios con títulos y experiencia. Tanto los gabinetes como los congresistas deberían coordinarse diariamente para asegurar transparencia y sinceridad.

Cada estado debería elegir un gabinete estatal en las mismas disciplinas para representarlo en el Parlamento o Congreso. Los miembros también deben ser expertos en sus campos respectivos y poseer educación superior. El Parlamento debería incluir entonces ocho o diez representantes o congresistas de cada estado, además de un gabinete similar de cada partido político. Esta institución superior discutiría asuntos y votaría finalmente sobre leyes y proyectos concernientes al país. Es la máxima autoridad en el país.

El partido gobernante necesitaría la aprobación del parlamento para elegir a sus miembros del gabinete, incluidos los generales, tal como en EE. UU. El presidente no puede nombrar altos funcionarios o embajadores sin el consentimiento del Congreso o Parlamento.

Si el Parlamento o Congreso no está satisfecho con el desempeño del gobierno en funciones, puede realizar una moción de censura y convocar a elecciones para un nuevo gobierno, tal como en el Reino Unido. La moción de censura es una forma efectiva de mantener a todos responsables y no simplemente esperar que termine el mandato presidencial para elegir a un nuevo líder. Es ineficiente para un país esperar cuatro o cinco años cada vez que un presidente actúa mal. El Parlamento o Congreso podría dar al gobierno en funciones una oportunidad más para rectificar problemas, pero solo una vez. El Parlamento supervisa todas las fuerzas militares y de seguridad y tiene derecho a cambiar a todos los altos oficiales dentro del ejército, marina, fuerza aérea y fuerzas policiales. Esto previene que el país se convierta en una dictadura militar.

El presidente debería tener un vicepresidente, que funcione como una herramienta de doble filo. Primero, si algo le sucede al presidente, el vicepresidente asumirá sus funciones. Segundo, esto evita que el presidente se convierta en el único decisor, potencialmente dictador, o que nombre a un familiar como sucesor.

Todas las leyes y proyectos importantes deben ser analizados por un comité especial antes de llegar siquiera al pleno del parlamento. Así, cualquier gobierno debe considerar cuidadosamente sus acciones y proyectos. Esto ahorra tiempo y cierra cualquier vía para malversaciones financieras o nepotismo en la adjudicación de proyectos.

Un gran comité parlamentario debería formarse seleccionando a los mejores miembros del gabinete del país para tomar decisiones en caso de estancamientos. Este existe para revisar, escuchar comentarios, recibir críticas y buscar las mejores soluciones para los intereses de los ciudadanos y del país.

Cada miembro del Congreso o Parlamento debería ser electo por 5 años y limitado a dos mandatos. Los congresistas de larga duración pueden crear lobbies; los lobbies a veces actúan como una dictadura suave para las corporaciones. El presidente debería ser electo por 4 o 5 años y también limitado a dos mandatos. El presidente nunca debe tener el poder de cambiar la constitución; esta es solo función del parlamento.

Debería construirse un edificio especial en la capital para albergar las sesiones del parlamento. Además, debería construirse un hotel cercano para alojar a los miembros cuando estén en la ciudad. Los miembros deberían residir en sus respectivas ciudades o pueblos hasta que se convoque una sesión para evitar gastos innecesarios. Los miembros deberían permanecer en sus ciudades para supervisar proyectos en curso y escuchar las preocupaciones de los ciudadanos, pues "ojos que no ven, corazón que no siente," como dice el dicho.

La constitución del país debería diseñarse con la ayuda de sus ciudadanos. Los ciudadanos deberían participar en la formación de las leyes del país para fomentar un sentido de responsabilidad y libertad. La constitución debe delinear el propósito, la necesidad y los múltiples poderes del "Parlamento" como institución suprema del país. Nada debería hacerse sin la aprobación del parlamento. Al mismo tiempo, los congresistas o miembros del parlamento no deberían tener inmunidad en casos de abuso de poder o uso político para beneficio personal.

Decisión Política

Si un país se da cuenta de que las cosas realmente van mal, se vuelve obligatorio y urgente que el líder detenga todo y declare una nueva era. Esta nueva era implica un plan para cambiar las cosas no solo para mejor, sino para lo mejor. Una decisión política generalmente está asociada con el amor al país y hacer todo lo que sea necesario para que triunfe. Incluso si las cosas están realmente mal, el líder debe ser honesto con su pueblo, y no es vergonzoso pedir ayuda para arreglar las cosas juntos. Cada país tiene miles de personas inteligentes que pueden cambiar las cosas y avanzar hacia el éxito. Afortunadamente, la inteligencia no es propiedad de ninguna corporación ni está patentada por ningún individuo adinerado; de lo contrario, cada país pobre permanecería pobre para siempre.

La decisión política es la clave del éxito. Si un líder toma tal decisión, los ciudadanos se unirán detrás de él para construir su país juntos mediante trabajo duro, dedicación y respeto mutuo, con la meta final de alcanzar las estrellas. El líder debe establecer una meta y anunciar sus ambiciones para que el país se vuelva tan poderoso como ciertos referentes, para que su pueblo sobresalga como otros, y para que las futuras generaciones tengan una vida mejor.

El líder también debe establecer metas medibles para hacer al país fuerte, poderoso, autosuficiente y capaz de producir todo lo que su gente necesita y desea.

Algunos países envían intencionadamente estudiantes al Oeste para aprender a producir bienes y servicios. Otros envían estudiantes para emular la manera de enseñar, y de gestionar la salud y asuntos sociales en Europa. Algunos países envían estudiantes para aprender tecnología de otras naciones, mientras que otros han enviado incluso espías para aprender a fabricar ciertos productos. Un gobierno que quiera lanzar una nueva revolución industrial debe adoptar todas estas medidas para tener éxito. Japón es un buen ejemplo; en la década de 1850, cuando el comodoro Matthew C. Perry lideró una expedición a Japón, los japoneses quedaron horrorizados por el poder de los nuevos buques de guerra y se dieron cuenta de lo atrasados que estaban en comparación con EE. UU. El emperador decidió poner fin a una política de aislamiento de 200 años y envió estudiantes a EE. UU. y Europa para estudiar y aprender sobre los nuevos inventos de la época. Esta fue una decisión política crucial tomada por el emperador de Japón para industrializar y modernizar su país.

Los gobiernos de los países en desarrollo deberían adoptar la misma decisión política y abrazar la visión que tuvo el emperador japonés. Él transformó su país de un estado feudal y agrícola en uno de los países más avanzados y mejores del mundo. Hoy, Japón tiene la tercera economía más fuerte del mundo, después de EE. UU. y China.

Para alentar a los líderes de países en desarrollo, es digno de destacar que Japón posee una de las menores cantidades de recursos naturales en el mundo. Sin embargo, gracias a la determinación y a las decisiones políticas correctas, los ingenieros japoneses lograron adquirir recursos de otros países y luego fabricar algunos de los mejores bienes, herramientas, máquinas, autos y computadoras, vendiéndolos al resto del mundo. Se decía que Japón solía comprar autos pesados rusos, fundir su hierro y acero, y hacer dos autos por cada auto ruso. Con determinación y trabajo duro, un país puede cambiar su rumbo y convertirse en verdaderamente poderoso y moderno.

La Decisión Económica es la Clave

El gobierno de cualquier país debe tener un plan sobre cómo arreglar la economía o cómo iniciar una economía eficiente. El primer paso para ejecutar este plan es tener a las personas correctas en los lugares correctos. Contar con las personas adecuadas es esencial para el éxito de cualquier gobierno y país en cualquier momento. Muchos países han colapsado debido a líderes ineptos que llegaron al poder ya sea por herencia, por la fuerza o por engaño. Gobernar un país no es como administrar una tienda o una guardería.

Aunque manejar una tienda puede no requerir educación o especialización para vender productos básicos, gobernar un país exige conocimiento extenso, especialización, educación, inteligencia y una visión clara para el futuro. Vivir el día a día parchando las cosas no es la manera correcta de arreglar una economía en crisis. Para lograrlo, un gobierno debe hacer planes de 4 a 5 años, especificando lo que debe hacerse para cumplir esos planes. Los ciudadanos prefieren líderes con planes claros y una visión de futuro. Estos planes muestran de manera realista el interés, la inteligencia, las intenciones y el cuidado de los líderes hacia los ciudadanos y el país.

Tener una fecha y año definidos para completar proyectos pone a todos en la misma página y ayuda a cumplir la agenda implícita en el plan. Por lo tanto, un líder debe reunir todos los recursos y asegurarse de que todos en el gabinete trabajen juntos para convertir las promesas en realidad. Es mejor establecer una fecha definitiva en lugar de una abierta que los trabajadores y responsables podrían no respetar. Para ellos, todos los proyectos se terminarán de una u otra manera, por lo que no ven urgencia. Desafortunadamente, esta actitud es muy común en la mayoría de los países en desarrollo. Es una causa principal de incumplimientos en numerosos proyectos y de postergación de fases sin razones claras. Algunos proyectos pasan de una administración a otra, algunos nunca se completan, y otros se reportan como terminados solo en papel. Cada nuevo gobierno culpa al anterior por flojear y no terminar el trabajo, retrasando muchos proyectos económicamente importantes que podrían haber ahorrado dinero y generado empleos.

Muchos líderes evitan este tipo de planificación definitiva, quizás porque no quieren ser responsables de no cumplir sus proyectos y promesas. Encuentro valiosos estos planes precisos porque pueden presionar a la administración para cumplir todo a tiempo. Creo que un trabajo bien hecho generalmente da al líder la oportunidad de ser reelegido. En la vida, es natural que el ser humano haga planes. Por ejemplo, alguien puede decir: "Para finales del próximo año habré ahorrado $20,000 para comprar un coche." Tener un plan así es, sin duda, una estrategia para el éxito. El éxito también alentaría a esa persona a esforzarse para ahorrar nuevamente para algo más grande.

Finalmente, esto llevaría a un sentido de realización y responsabilidad.

Si cada nuevo gobierno hace un plan de 4 o 5 años, por ejemplo, el país logrará mucho porque los planes mantienen todos los recursos y la atención oficial enfocados en alcanzar la excelencia.

La decisión económica también está destinada a aumentar la conciencia de los ciudadanos sobre lo que debe hacerse para elevar a las sociedades a estándares más altos y mejores direcciones. Además, motiva a los ciudadanos a participar, sobresalir y convertirse en líderes y modelos a seguir para otras naciones. Cuando un país completa el Plan A, puede pasar al Plan B, luego al C, hasta que todo el país esté construido de manera bien organizada en un corto período de tiempo. Trabajar sin rumbo nunca logra resultados, y se pierde mucho dinero en el proceso, a veces sin dejar rastro. Algunos funcionarios prefieren operar en aguas turbias, y algunos quieren ser líderes pero no están dispuestos a liderar con responsabilidad.

Formación de Órganos Administrativos Subgubernamentales

Deben formarse órganos administrativos subgubernamentales a nivel municipal y estatal. Por ejemplo, cada ciudad municipal debería establecer un organismo subgubernamental similar al gobierno nacional. El alcalde debería formar un gabinete parecido al que elige el presidente. Cada sector debería ser gestionado por un especialista en ese campo, tal como ocurre en el gobierno nacional o federal. Por ejemplo, podría haber un funcionario encargado de la agricultura, otro de la industria, uno de comercio, otro de construcción, uno de educación y salud, y otro de turismo. Es crucial colocar a la persona adecuada en el puesto adecuado. La persona adecuada significa alguien que tenga título o experiencia en ese campo. Cuando se tiene a la persona correcta en el lugar correcto, los logros se vuelven más fáciles. Muchos países en desarrollo sufren del fenómeno de tener a la persona incorrecta en los sectores más sensibles. A pesar de contar con muchas personas inteligentes y experimentadas, a menudo son marginadas, según la mayoría de los ciudadanos.

La práctica de la moción de censura, como se realiza en algunos países (especialmente en el Reino Unido), es una herramienta valiosa para mantener el control y asegurar la responsabilidad. Esta presiona a los funcionarios municipales a trabajar diligentemente y con responsabilidad para satisfacer las necesidades y deseos de los ciudadanos.

Todos los alcaldes y funcionarios municipales deberían ser del mismo estado en el que sirven. Ellos entienden su ciudad y sus particularidades, se conectan con sus ciudadanos y saben qué debe hacerse. Un foráneo no poseería este conocimiento íntimo. Para cuando un foráneo se familiariza con los barrios y funcionarios de la ciudad, su mandato podría haber terminado. Elegir a alguien que desconozca la ciudad que debe gestionar es una práctica común pero improductiva en los países en desarrollo.

De manera similar, los gobernadores deben ser del estado que gobiernan y deben ser elegidos por los ciudadanos de ese estado. Gobernadores de otros estados podrían no interesarse por el estado que supervisan; pueden buscar solo proyectos que sirvan a sus intereses personales antes de pasar a otros estados para repetir el proceso hasta jubilarse. Este es un problema notorio en países en desarrollo respecto a cómo gobiernan sus estados. Algunos países ni siquiera permiten que los ciudadanos elijan a sus gobernadores; en cambio, estos funcionarios son asignados por el gobierno federal sin consultar al parlamento.

Los gobernadores también deben formar un tipo de gabinete que incluya funcionarios con las mismas credenciales en cuanto a especialidad y experiencia necesarias para desempeñar esas responsabilidades. Cada funcionario estará a cargo del sector relacionado con su especialidad: economía, agricultura, construcción, educación, salud, etc., en todo el estado.

La pérdida de confianza es necesaria para mantener a todos responsables de su desempeño. Un mal desempeño del gabinete debería costarle el cargo al gobernador y a su gabinete.

Los jueces, sheriffs y superintendentes de distritos escolares también deben ser del mismo municipio en el que sirven. Su elección es crucial porque la responsabilidad es uno de los principales factores que contribuyen al empobrecimiento de los ciudadanos en países en desarrollo.

Incluso a nivel de embajadas, el gobierno debería asignar personas con especialidades y experiencia en campos como economía, agricultura, industria, educación y salud. Estas personas también tienen el deber de recopilar ideas sobre cómo los países anfitriones gestionan varios sectores. En otras palabras, informar sobre las mejores maneras y técnicas para administrar negocios, banca, agricultura, educación e incluso cultura.

Decisiones en Grupo

Una sociedad o gobierno perfecto debería involucrar a su pueblo en cada paso para asegurar que todo funcione bien. Los debates económicos, educativos y políticos son saludables y valiosos para el bienestar de un país. A veces, muchas decisiones que vienen desde arriba no son aceptadas por la mayoría de los ciudadanos; por eso muchas se modifican tarde o temprano. Los foros son un buen punto de partida para aprender cómo hacer las cosas, mejorarlas o inventarlas. Una sociedad perfecta organizaría foros y convenciones para estudiar cada sector y las razones o causas del mal funcionamiento en ese sector particular. Algunos gobiernos en países en desarrollo organizan reuniones nacionales para discutir asuntos triviales como si fueran eventos mayores. Deberían enfocarse en temas más urgentes a nivel mundial y de seguridad nacional.

Los agricultores deberían reunirse en foros y convenciones para discutir cómo mejorar la agricultura y cómo usar métodos eficientes para producir más cultivos. Un ministro de agricultura no debería ocupar el cargo si nunca ha plantado un árbol en su vida. El Ministerio de Agricultura debería estar encabezado por una persona experimentada que haya dedicado su vida a la agricultura. De manera similar, el Ministerio de Industria no debería ser entregado a alguien que ni siquiera haya inventado un aparato. Este ministerio debería ser dirigido por alguien que haya inventado varias cosas en su carrera.

Los inmigrantes también deberían ser incluidos en los procesos de toma de decisiones relacionados con la economía de su país de origen. Los inmigrantes con experiencia, negocios e ideas son herramientas muy valiosas para mejorar el bienestar de un país. Necesitan que se les dé la oportunidad y, a veces, la prioridad para ayudar y ser parte del progreso de su tierra natal.

Todos los ciudadanos deberían estar involucrados en el proceso de toma de decisiones de cualquier proyecto. Entre estos ciudadanos hay millones de personas educadas, inteligentes, con experiencia y visión. A menudo, el número de personas inteligentes entre los ciudadanos supera al número de personas capaces en cualquier gobierno. No entiendo por qué algunos gobiernos piensan que saben más que sus ciudadanos y conocen lo que es bueno o malo para ellos. El dinero, el estatus y los cargos no necesariamente hacen buenos presidentes o ministros. Un funcionario o incluso una persona común con un trabajo, una casa y un coche, presumiblemente, no tiene necesidad de robar o aceptar sobornos. Robar y aceptar sobornos debe combatirse vigorosamente y convertirse en una gran vergüenza social. Otros malos hábitos y sustancias deberían prohibirse y combatirse al máximo para asegurar la seguridad y el bienestar de niños, hombres y mujeres. La justicia es una herramienta esencial para crear una sociedad segura y desarrollada.

En una sociedad perfecta, todas las cárceles deberían convertirse en hospitales, y cada cuartel militar debería transformarse en universidades. Es una decisión y prioridad nacional transformar una sociedad en una sociedad perfecta.

Factores de Producción

Si un país posee los cuatro factores de producción, entonces no tiene excusa para no desarrollarse o para permanecer pobre. Los factores de producción están presentes en casi todos los países; por lo tanto, cada país debería trabajar arduamente para utilizarlos y despegar económicamente. Además de la tierra y la mano de obra, está el capital. Los economistas dividen el capital en dos categorías: capital físico, que incluye dinero y máquinas, y capital mental, que abarca a personas inteligentes, ingenieros, científicos, emprendedores y personas con ideas. Creo que cada país en desarrollo tiene una abundancia de estos especialistas.

La tierra se refiere a los múltiples recursos naturales que un país posee para producir bienes y servicios. Supongo que la mayoría de los países desarrollados cuentan con estos recursos. Algunos países incluso tienen oro y diamantes que podrían usarse para comprar máquinas, herramientas y tecnología necesarias para hacer posible la producción de bienes y servicios. En lugar de usar los ingresos de estos recursos costosos para comprar alimentos, medicinas y ropa, estos países podrían invertir esos ingresos para lanzar una gran economía.

La mano de obra se refiere al número de personas dispuestas a trabajar para producir bienes y servicios. Es bien sabido hoy en día que los países en desarrollo tienen una enorme población joven que puede impulsar la economía hacia un nivel muy alto. Estos jóvenes solo esperan que sus gobiernos reúnan todos los recursos para lanzar una industria robusta que mejore sus vidas.

El capital físico se refiere al dinero invertido en la producción de bienes y servicios. Parte de esta financiación podría provenir del tesoro nacional al diseñar el presupuesto nacional, o los bancos podrían patrocinar estos proyectos. Si estas opciones no están disponibles, los inmigrantes de estos países podrían participar en la economía de su tierra natal. Los inmigrantes pueden establecer una organización para recolectar donaciones y comprar la maquinaria necesaria para producir bienes y servicios. Los inmigrantes suelen preocuparse profundamente por su patria y el bienestar de sus compatriotas. A veces, es un deber nacional ayudar si existe la posibilidad. Al menos, una persona puede decirles a sus hijos que participó en el desarrollo de su país. Además, esta es una excelente forma de enseñar a nuestros hijos que amar a la patria y a su gente es una cualidad encomiable. Así es como construimos ciudadanos responsables y solidarios.

El capital mental se refiere a la abundancia de personas inteligentes en un país en particular. Lo digo porque miles de estudiantes se gradúan de universidades en muchas especialidades diferentes y exigentes en cada país en desarrollo.

Algunos de estos estudiantes están entre los más brillantes del mundo. Muchos de ellos se han graduado de las mejores universidades a nivel mundial. Yo mismo me gradué de una universidad estadounidense y vi de primera mano a quienes se graduaban con honores; la mayoría eran de países en desarrollo, y yo fui uno de ellos.

Además de estas personas, hay miles, si no millones, de personas experimentadas que pueden elevar a su país a un nivel muy alto.

Cómo Utilizar Estos Factores de Forma Eficiente

Entre las mejores maneras de utilizar eficientemente estos factores están:

- Crear un comité nacional para supervisar la industria.

- Dividir el país en regiones y establecer un comité en cada región. Convocar convenciones para estudiar cómo iniciar la nueva industria.

- Discutir las prioridades del país en estas convenciones. Formar clubes tecnológicos en cada ciudad para fomentar más ingenio.

El comité nacional debería primero discutir las prioridades del país, formular un plan y enfocarse en qué producir, cuándo producirlo y para quién producirlo. El comité será responsable de asegurar que todo funcione perfectamente. Es prudente dividir el país en regiones con subcomités. Cada comité local debería esforzarse por reunir fondos, incluso mediante donaciones si es necesario, para abrir fábricas y contratar ingenieros y especialistas para lanzar nuevas fábricas o plantas. Si una región tiene buen desempeño, otras regiones deberían pedirle consejo, pero si una región funciona mal, los resultados serán evidentes y quedará claro quién tiene la culpa.

El gobierno federal debería organizar concursos entre los estados para ver quién trabaja arduamente y progresa. Debería recompensar a cada comité por su esfuerzo y por llevar la industria en la dirección correcta. De vez en cuando, estos comités deberían realizar convenciones para discutir logros, cómo mejorar la producción y el mercadeo, y buscar más formas de ahorrar dinero y tiempo.

Se deberían realizar más convenciones en cada campo, incluyendo agricultura, industria, inventos, medicina, fabricación de automóviles, educación, turismo, transporte, banca y computación. Las convenciones permiten al país evaluar su rumbo. También permiten a las empresas ver dónde se encuentran en comparación con empresas globales, qué mejoras necesitan en su trabajo, bienes y servicios, además de establecer metas futuras. Las convenciones ayudan a mantener el enfoque en cada campo y a lograr objetivos en un período muy corto, ahorrando tiempo y recursos.

En Estados Unidos, se celebran convenciones semanalmente, particularmente en ciudades como Orlando, California y Filadelfia, que cuentan con los centros de convenciones más grandes. Profesionales de todos los sectores de todo el país asisten a estas convenciones para discutir nuevos inventos, nuevos métodos de negocio, nuevas técnicas de producción y cómo esforzarse por ser los mejores en todos los aspectos.

Prioridades y Trivialidades

La primera prioridad para un país en desarrollo es ser independiente en términos de producción de alimentos. Es crucial que un país produzca su propia comida; de lo contrario, es ilógico que reclame independencia mientras depende de las importaciones de alimentos. La producción de alimentos es manejable para cultivar, distribuir y entregar a los ciudadanos. Hoy en día, muchos países en desarrollo dependen más de las importaciones que de su propia producción. Las tierras fértiles deberían ser utilizadas al máximo para producir todo lo posible y alimentar a la nación. El gobierno debe despejar cualquier tierra inutilizable y convertirla en suelo fértil. Cada granja debería emplear las máquinas, pesticidas y técnicas adecuadas para garantizar que se produzca la cantidad y calidad correcta de frutas y verduras. El gobierno debería establecer una sólida red de transporte para asegurar la entrega oportuna de los cultivos a los lugares adecuados. Toda la industria funciona como una cadena; si un eslabón se rompe, no se esperan resultados favorables. Los gobiernos deberían guiar a los agricultores sobre qué producir, cómo producirlo y para quién.

Grandes suministros de agua son esenciales para la agricultura. Los países en desarrollo ubicados junto al mar u océano tienen una ventaja significativa: poseen este "oro líquido". Cualquier país con fondos puede convertir el agua salada del mar u océano en agua potable, lo cual es vital para una infraestructura agrícola robusta.

Los invernaderos usan hoy menos agua que los espacios tradicionales de cultivo abierto.

La segunda prioridad para que un país en desarrollo sea considerado un estado independiente es producir sus propios medicamentos. Con la tecnología actual y el gran número de científicos, médicos y farmacéuticos, cada país en desarrollo debería ser capaz de producir sus propios medicamentos sin necesitar importaciones. Un país que tiene abundante agua, produce su propia comida y medicamentos, y no depende de países desarrollados para estos recursos críticos, puede realmente confiar en sí mismo para avanzar.

Para proveer grandes cantidades de agua, alimentos y medicinas, un país en desarrollo puede crear miles de empleos, haciendo este proceso factible. Cuando la calidad y producción alcanzan niveles altos, el país puede exportar el excedente de frutas, verduras y medicamentos a otros países para obtener ingresos adicionales.

Competencia y Miedo

La competencia y el miedo son poderosos motivadores para el desarrollo. Por ejemplo, si no fuera por la Guerra Fría, Estados Unidos y Rusia podrían no haber alcanzado sus niveles actuales de tecnología, especialmente en el campo del armamento. En la década de 1980, se creía que la Unión Soviética estaba 20 años adelantada a Estados Unidos en tecnología espacial. El logro de la Unión Soviética al poner en órbita la Tierra fue impulsado por la competencia. De manera similar, Estados Unidos logró lanzar una nave espacial que llegó a la luna debido a la competencia con la Unión Soviética. Por lo tanto, la competencia es un medio beneficioso para mejorar casi cualquier cosa en la vida.

El miedo también es un factor significativo en el desarrollo. Por ejemplo, Israel, debido al miedo a sus vecinos, ha alcanzado un nivel muy alto de desarrollo, especialmente en los campos de armas, telecomunicaciones y espionaje. De manera similar, Corea del Sur, por el miedo a su vecino Corea del Norte, ha logrado un alto nivel de desarrollo y tecnología sofisticada. Hoy en día, Corea del Sur es la 13ª economía más grande del mundo.

Los países en desarrollo podrían usar las nociones de competencia y miedo para avanzar a un nivel muy alto en seguridad económica y militar.

Los países en desarrollo pueden dividir la nación en zonas industrializadas para crear competencia, supervisar la calidad y cantidad de bienes y servicios, y hacer responsables a los presidentes de cada fábrica. En otras palabras, el gobierno proveerá los medios de producción para cada zona, seleccionará a las personas adecuadas para dirigir estas fábricas y establecerá expectativas claras después de estudios exhaustivos. Estas fábricas deberán competir con otras zonas para producir los mejores bienes y servicios y vender sus productos tanto en mercados locales como internacionales. Un comité supervisará la calidad y cantidad de estos productos.

Los buenos presidentes deben ser recompensados por su competencia, esfuerzo e innovación, pero los presidentes que fracasen deben ser removidos. El miedo a perder su empleo motivará al presidente de una fábrica a hacer todo lo necesario para tener éxito. Desafortunadamente, en los países en desarrollo aún existe la tradición de mantener a los mismos presidentes al frente de fábricas con bajo rendimiento. Además, la falta de zonas industriales designadas resulta en una falta de inspiración, motivación o competencia para mejorar. Más aún, es difícil evaluar la cantidad y calidad de bienes y servicios cuando no hay competencia ni nada con qué compararlos.

Lanzar una Revolución Económica requeriría lo siguiente:

- Toma de decisiones a nivel nacional.

- Poner a las personas adecuadas en los puestos correctos.

- Establecer un nuevo sistema político.

- Establecer un nuevo sistema económico. Crear planes.

- Elegir un país modelo para emular.

- Garantizar la libertad de expresión para los ciudadanos, especialmente los periodistas.

- Promover una educación de calidad.

- Eliminar la burocracia.

- Colaborar con todos.

- Organizar foros y convenciones.

- Comenzar con prioridades como alimentos y medicinas.

- Establecer derechos para proteger el dinero de los ciudadanos en los bancos.

- Involucrar a cada ciudadano en cada proyecto.

Lista de objetivos a alcanzar:

- Lograr la independencia en alimentos y medicinas.

- Desarrollar una industria moderna.

- Desarrollar una agricultura exitosa.

- Elevar la calidad del sistema educativo.

- Mejorar la calidad de vida de los ciudadanos.

- Fabricar las propias necesidades militares.

- Mantener un ejército fuerte.

- Avanzar en todos los campos tecnológicos.

- Cultivar una diplomacia sólida.

- Sobresalir en todos los sectores.

- Permitir que las empresas locales fabriquen todos los bienes necesarios.

- Construir una nueva estructura política.

- Crear un gobierno fuerte.

- Crear una economía competitiva.

- Establecer un nuevo sistema político basado en la tecnocracia.

- Eliminar los desafíos burocráticos.

- Garantizar la libertad de prensa.

Patriotismo y Orgullo Nacional

Las personas y los gobiernos deberían trabajar juntos para fortalecer su país en todos los sectores posibles. Nada es imposible en este mundo; es cuestión de reconocer la derrota, refutar las circunstancias y luego levantarse y luchar por lo que es beneficioso para el futuro de la nación. No hay nada que perder, especialmente si una nación está experimentando severos desafíos sociales, económicos, de salud y educativos.

Los gobiernos deberían reunir a sus ciudadanos detrás de ellos y fomentar un sentido de patriotismo y orgullo nacional para superar la pobreza o cualquier momento difícil, reconstruir sus países y forjar un futuro mejor para ellos mismos y las generaciones futuras.

Los ciudadanos deben asumir responsabilidad hacia su país, no solo hacia su gobierno, porque, en última instancia, es un deber que le deben a sus nietos, quienes algún día podrían preguntar: "¿Por qué no hicieron algo al respecto?" Como dijo Mahatma Gandhi, los ciudadanos deben ser el cambio que quieren ver en el mundo.

Los países en desarrollo deben entender que nadie vendrá a su ayuda; es un mundo duro, y la supervivencia ahora favorece a los más fuertes, no solo a los más aptos. Los ciudadanos también deben comprender que esperar que su gobierno actúe a menudo es inútil. A veces, los gobiernos carecen de dinero, herramientas o ambos; por lo tanto, la gente necesita depender de sí misma, ya que el trabajo duro finalmente dará frutos.

La educación es donde los gobiernos deben invertir. Aunque costosa, rinde frutos a largo plazo. El éxito de Japón se debe en gran parte a su enfoque en la educación y la disciplina. Los gobiernos deberían permitir que solo personas jóvenes, educadas y patriotas lideren. Como dice el dicho, "Alguien que no tiene nada no puede dar nada." Necesitan allanar el camino para los jóvenes porque ellos llevan el amor por su país y su gente.

Una vez que una nación esté unida bajo una sola bandera, un solo país y un solo liderazgo, puede marcar una diferencia significativa en la sociedad. Tribus hostiles, razas, aborígenes e inmigrantes deberían hacer las paces y unirse para sacar al país de la oscuridad. La historia muestra que los conflictos pequeños nunca han funcionado en ningún país ni en ningún momento; solo arrastran a los países más profundamente hacia la pobreza y la miseria. Todos los ciudadanos deberían aprender del mundo que les rodea que cada conflicto genera más conflicto.

Lo único que puede unir a todas las personas es su país, su destino y el futuro de las generaciones venideras. Todos tienen hijos, y todos deberían ser conscientes de lo que harán para hacer del país un lugar mejor donde vivir. Es responsabilidad de todos los ciudadanos dejar de lado el orgullo personal y el ego y abrazar el orgullo nacional para lanzar una revolución económica lo suficientemente fuerte como para elevar el nivel de vida de todas las comunidades.

Para lograr esto, los gobiernos deben educar a su pueblo a través de comerciales, propaganda, carteles, escuelas y todos los medios de comunicación disponibles para inculcar un espíritu nacional que los motive a levantarse y construir sus países. Deberíamos sentir vergüenza de no trabajar duro y dejar que otras naciones lideren el mundo; también deberíamos ser líderes; basta de ser seguidores todo el tiempo. No hay diferencia entre las personas del Norte y las del Sur, salvo en su ética de trabajo. Trabajar duro no debería ser una opción; debería ser un mandato nacional para sacar a la gente de la pobreza, la miseria y los problemas sociales que han afectado todos los aspectos de nuestras vidas.

Los gobiernos también deberían invertir tiempo y dinero en educar a los ciudadanos sobre científicos y líderes que han logrado lo imposible para que puedan tomarlos como modelos a seguir con el objetivo de arreglar todo lo que no funciona correctamente. Las ciudades y las calles también deberían llevar el nombre de científicos, inventores, líderes y filósofos mundiales que condujeron a sus sociedades hacia el éxito y el desarrollo.

Elija un País Modelo y Sígalo

Si un país en desarrollo encuentra complicado lanzar una economía, lo único que necesita hacer es elegir un país desarrollado que considere exitoso y seguir sus pasos de cerca. Hay múltiples países desarrollados en el mundo, y cada uno aborda las cosas a su manera. Recuerde que no hay dos economías idénticas; cada una está moldeada por su geografía, recursos, leyes, cultura e historia.

Algunos países tienen la suerte de estar situados cerca de océanos, mares o ríos, lo que ofrece mejores ubicaciones que los países sin salida al mar. Algunos países poseen casi todos los recursos necesarios para la producción, mientras que otros tienen pocos o casi ninguno, pero de cualquier manera, siempre hay pasos que se pueden tomar para avanzar.

Algunos países tienen leyes restrictivas que obstaculizan el progreso nacional. Por ejemplo, en algunos países, solo el gobierno puede producir bienes y servicios, y en otros, solo el gobierno puede importar o exportar artículos. Algunos países prohíben a los ciudadanos importar automóviles desde el extranjero. Algunos no permiten que los agricultores vendan sus productos directamente a países extranjeros; las ventas deben pasar por el gobierno. En cualquier caso, la falta de libertad para realizar negocios impide un alto desempeño económico.

La cultura ha influido en nuestra forma de vida desde la infancia. Cada nación practica el comercio de manera diferente; a veces funciona y otras veces dificulta la economía. Por ejemplo, las sociedades china y japonesa tienen una ética laboral fuerte arraigada en su cultura, un elemento importante que ha revitalizado sus economías. En contraste, en algunos países en desarrollo, en lugar de trabajar duro, muchas personas pasan horas en cafés jugando ajedrez porque forma parte de su cultura. Otros aspectos culturales que impactan positivamente las economías japonesa y china incluyen la devoción, la disciplina, la unidad y la humildad. La cultura japonesa, por ejemplo, valora mucho el trabajo duro y las largas horas. Otros elementos culturales positivos en Japón incluyen altos estándares educativos y prácticas religiosas. El sintoísmo, por ejemplo, requiere que las personas sean extremadamente limpias para ser consideradas puras y devotas.

La historia también puede obstaculizar el progreso económico. Cientos de años de colonialismo, servidumbre, esclavitud y mala educación continúan afectando la manera en que operan los países en desarrollo. Una larga historia de crisis financieras, corrupción y mala gestión económica por numerosos funcionarios ha sido un gran obstáculo para el progreso.

Sin embargo, un país serio en lanzar su economía no debe quedarse en estos factores negativos, sino que debe mirar a países que han logrado un gran éxito económico. Estados Unidos, Japón, Alemania, Finlandia, China e incluso Turquía son buenos modelos a seguir. Los líderes, como se menciona en varios capítulos, deben tomar decisiones decisivas sobre el establecimiento de una economía sólida para elevar a su país y a su pueblo a un nivel superior. A través del personal nacional en las embajadas, como se mencionó en un capítulo anterior, en países desarrollados, podrían estudiar cómo estas naciones gestionan sus economías. En otras palabras, recopilar datos, estudiar cómo estos países producen cultivos, bienes y servicios, analizar las formas exitosas de gobierno, entender las operaciones bancarias y examinar los sistemas educativos. También podrían emular no solo los métodos, sino también la velocidad y calidad con que se construyen autopistas, puentes y rascacielos.

En 1871, durante la Restauración Meiji en Japón — una gran revolución que trajo un nuevo sistema democrático, social y político que condujo a importantes reformas y crecimiento económico — el país adoptó un enfoque similar y formó la Misión Iwakura. El gobierno envió a más de 100 altos funcionarios, académicos y brillantes estudiantes, principalmente a Estados Unidos, Francia, Alemania, Bélgica, Suiza, Gran Bretaña y Rusia. Los misioneros examinaron, anotaron y registraron meticulosamente todos los aspectos de las sociedades americana y europea, desde la agricultura hasta la industria, educación, comercio e incluso política. Justo después de la expedición, Japón se dio cuenta de que era necesario implementar nuevas políticas deliberadamente para enriquecer el país mediante la modernización y la industrialización.

Hoy en día, los países en desarrollo podrían emprender expediciones similares para replicar los éxitos pasados. Es simplemente una cuestión de buena voluntad y buenas intenciones — "Donde hay voluntad, hay camino," como dice el dicho.

Zonificación

La zonificación, como se mencionó en capítulos anteriores, es un enfoque estratégico para mantener las industrias, la agricultura y la producción bien estructuradas, gestionadas y supervisadas. Un país podría dividirse en cuatro partes o zonas, cada una supervisada por comités.

Por ejemplo, podría haber un comité para la producción de automóviles, un comité para la producción agrícola y un comité para otras producciones a gran escala.

Para detallar, cada región debería tener un cierto número de granjas, empresas, fábricas y plantas. Todas estas unidades deberían pertenecer idealmente al gobierno que, en mi opinión, se preocupa más por sus ciudadanos e intereses nacionales en comparación con las grandes corporaciones y propietarios privados, quienes podrían preocuparse menos. Cada industria debería ser supervisada por un comité cuya tarea sea asegurar que cada unidad tenga el dinero y las herramientas para producir bienes y servicios de la manera más eficiente posible. El comité también es responsable de supervisar la producción en cada sector y de nombrar a la persona correcta para liderar cada industria. Este líder será recompensado por un desempeño excelente. Por el contrario, un mal desempeño costará a este director su puesto, ya que no hay más tiempo que perder, especialmente en países en desarrollo donde el tiempo es esencial. Esta política mantendrá a todos enfocados y motivados para hacer un mejor trabajo.

La ventaja de la zonificación también incluye poder ver qué región beneficia al país y cuál no. En algunos casos, uno o dos estados podrían cargar con la carga para el resto del país, y dado que la producción continúa, las demás plantas y fábricas podrían preocuparse menos. Al zonificar un país, cada región competirá por ser la mejor y será reconocida y recompensada constantemente.

La competencia — otro factor de la modernización — entre regiones llevará a la excelencia y el progreso. Las probabilidades de fracaso son muy bajas porque todos son responsables y cada trabajador cumple con sus deberes. Si algo va mal en algún sector, los comités están allí para intervenir, corregir cualquier irregularidad y poner la unidad de nuevo en camino. Monitorear y supervisar cada paso del desempeño de cada sector es crucial para abordar cualquier producción lenta que le cueste demasiado dinero y estrés al gobierno.

Sería una gran idea no pagar a gerentes y empleados sumas excesivas, sino un salario decente con beneficios y bonos trimestrales. Los bonos son una manera efectiva de motivar tanto a trabajadores como a gerentes. En otras palabras, si le das a un empleado común un salario fijo, puede que no le importe mucho la producción porque de todos modos está recibiendo ese ingreso específico. Sin embargo, una vez que saben que hay un bono por alta producción, trabajarán más duro para conseguirlo. Las empresas y corporaciones estadounidenses usan esta técnica para motivar a los empleados a rendir mejor, y créeme, funciona.

Por encima de todo, debería existir un comité nacional que trabaje directamente con los comités de las zonas y reporte todo a los superiores o miembros del gabinete correspondientes. Toda la información y estadísticas de todos los sectores eventualmente se proveerían al presidente para evaluar el estado del país.

En Estados Unidos, existe un comité económico en la Casa Blanca que trabaja directamente con el presidente; su tarea es supervisar la economía y los mercados. Cada mañana, junto con el informe político, se le presenta al presidente un informe económico con datos sobre consumo, importaciones y exportaciones de recursos necesarios para mantener la economía en la dirección correcta. El comité también le informa sobre posibles escaseces de recursos, qué países los poseen, la naturaleza de las relaciones de Estados Unidos con esos países y cómo obtener esos recursos de ellos. A través de este procedimiento, el presidente está siempre al tanto de casi todo lo que sucede en el país; una idea brillante que ayuda a mantener todo en orden.

Producción de Vehículos

Si un país decide comenzar la producción de vehículos, la visión debe ser sencilla y clara. Por ejemplo, el país podría proponerse producir cuatro tipos de automóviles, cuatro tipos de SUVs, cuatro tipos de camionetas pickup, cuatro tipos de camiones comerciales y cuatro tipos de autobuses. ¿Recuerda que dividimos el país en zonas, verdad? Todas las plantas de ensamblaje de autos podrían distribuirse entre estas regiones o zonas para crear miles de empleos, distribuyendo así el trabajo de manera equitativa en todo el país.

También recuerde que mencionamos que cada automóvil requiere aproximadamente 30,000 piezas para estar listo para la venta. Imagine cuántas fábricas podrían construirse para fabricar todas estas piezas, y considere la cantidad de empleos que se generarían. Imagine el número de piezas necesarias para producir miles, si no millones, de autos. Solo es cuestión de dar los pasos correctos, y todo estará en marcha.

También mencioné en la sección de zonificación que cada comité debe asegurar que cada industria tenga éxito. Al prosperar en la industria automotriz, el país podrá abastecer los mercados locales con todo tipo de autos, SUVs, camiones, etc. Esto permitirá que cada familia cumpla su sueño de tener un vehículo. Más autos significan más carreteras, más autopistas, más puentes, más conductores, más estaciones de gasolina y más producción de todo lo que un auto y una estación de servicio necesitan.

Al producir más autos y repuestos localmente, el país reducirá su dependencia del Norte. El país solo comprará los artículos que no se puedan producir localmente. Más autos significan que el país podrá competir en la industria automotriz global; autos bonitos con características atractivas y precios competitivos pueden permitir que el país los exporte a otras partes del mundo. Más exportaciones también significan más dinero entrando al país. Como resultado, las personas tendrán empleo y llevarán mejores vidas.

Si un país adquiere este tipo de tecnología, estará entonces en posición de fabricar trenes, barcos e incluso naves y aviones. El país también necesita una infraestructura de transporte robusta para facilitar el movimiento eficiente de mercancías y personas. Los grandes volúmenes de productos agrícolas e industriales requieren un sistema de transporte rápido y eficiente para que estos productos lleguen rápidamente a los mercados. Algunos productos son perecederos y otros necesitan entrega oportuna debido a obligaciones contractuales y necesidades.

Agricultura

Aunque hablé de la agricultura en un capítulo anterior, aquí seré más específico. Para establecer una agricultura fuerte y exitosa, el país debe dividirse primero en zonas según el tipo de producción. Cada zona se especializará en cultivar los productos más adecuados para esa área. Para lograr esto, el gobierno debe consultar con los agricultores de esas zonas para determinar qué cultivos prosperarán en su región.

Las tierras fértiles deben reservarse exclusivamente para actividades agrícolas. Esto puede hacerse cumplir mediante leyes aprobadas por el Ministerio de Agricultura o el Parlamento. Las tierras fértiles son los pulmones de cualquier país. Los propietarios privados pueden usar sus tierras fértiles para la producción de cultivos, pero no deben dejarlas sin uso. Si las tierras no se utilizan, el gobierno tiene el derecho de intervenir debido al interés nacional. No se debe permitir que los propietarios privados vendan estas tierras para ningún otro propósito que no sea la producción agrícola. Actualmente, en muchos países en desarrollo, debido al alto valor de la tierra, los propietarios venden sus tierras fértiles a empresas privadas, corporaciones e incluso individuos para diversos proyectos. Para ellos, en lugar de lidiar con los desafíos de la agricultura —como arar, regar y mantener la tierra para ganar algo de dinero— es más fácil vender la tierra y ganar millones rápidamente y sin esfuerzo.

Si algún agricultor decide vender sus tierras, el gobierno debe ser el único autorizado para comprarlas, ya que son vitales para la supervivencia nacional. Actualmente, en muchos países en desarrollo, el concreto está avanzando sobre muchas tierras fértiles.

En segundo lugar, cada región será supervisada por un comité para asegurar que los agricultores tengan las herramientas y pesticidas necesarios para producir cultivos suficientes y adecuados. Dejar a los agricultores a su libre albedrío podría llevarlos a producir lo que quieran, no lo que los consumidores necesitan. A veces, optan por cultivar frutas y verduras costosas porque buscan ganancias rápidas. Algunos agricultores controlan la producción, distribución y almacenamiento de ciertos productos para mantener los precios altos y maximizar sus beneficios. Es imprescindible monitorear constantemente el sector agrícola porque, hoy en día, los agricultores manipulan los mercados en su beneficio.

A partir de este punto, sugiero que el gobierno sea propietario de todas las tierras fértiles del país. El gobierno se preocupa más por el bienestar de sus ciudadanos que el sector privado. Sé lo que puede pensar —que este enfoque podría conducir a una dictadura gubernamental—. Sin embargo, preferimos vivir bajo una dictadura económica que se preocupe por el bien público a estar a merced de corporaciones despiadadas que solo buscan maximizar sus ganancias con el mínimo esfuerzo.

Debo decir que en los países en desarrollo no hay coordinación entre agricultores y gobierno; el gobierno espera que los agricultores produzcan, pero nunca se reúne con ellos para discutir sus preocupaciones, necesidades o las mejores formas de aumentar la producción para abastecer el mercado con todo tipo de frutas y verduras. En otras palabras, cada agricultor produce lo que le parece o lo que puede, por eso la producción siempre es baja y los suministros del mercado insuficientes.

En segundo lugar, el gobierno debe involucrarse en la agricultura desde la siembra hasta que los productos lleguen a los mercados. Debe también proveer a los agricultores con pesticidas, tractores, camiones y refrigeradores —todas las herramientas necesarias para facilitar la producción. Los agricultores son cruciales para el bienestar de una nación. Necesitamos más agricultores que médicos. Puede que necesitemos un médico de vez en cuando, pero necesitamos un agricultor cada día que vamos al supermercado. Si el gobierno está muy involucrado en otros sectores, ¿por qué no lo está con la agricultura?

Como mencioné en el capítulo sobre la caída del socialismo, el gobierno debe despejar la tierra, dividirla en parcelas, proveer todas las herramientas necesarias y distribuir esas tierras a quienes estén dispuestos a trabajar seriamente. También debe nombrar a alguien a cargo, responsabilizarlo y pagarle un buen salario para asegurar un buen desempeño; de lo contrario, perderá su puesto. Esta es una buena forma de motivar a cada gerente.

En tercer lugar, el gobierno debe construir una red de transporte robusta para trasladar toda la mercancía de las granjas a los mercados. Movilizando a todos e implementando estos pasos, el gobierno estará creando miles de empleos. La agricultura debe ser cuidada desde la granja hasta el consumidor. Al tomar estas medidas, el gobierno asegurará una producción abundante de todo tipo de frutas y verduras, además de precios razonables para los consumidores. La especulación no tiene lugar cuando el gobierno monitorea de cerca este proceso.

El gobierno también debe vigilar la industria pesquera. Los precios del pescado en países en desarrollo son extremadamente altos, similares a los de las carnes rojas y blancas. Algunos pescadores ahora solo capturan pequeñas cantidades para mantener los precios altos. En este caso, el gobierno debe intervenir y revertir la situación. Los agricultores, pescadores y corporaciones privadas se han vuelto despiadados y no se preocupan por los consumidores ni por su poder adquisitivo. Cuando el sector privado controla la producción y venta de todas las necesidades, los consumidores suelen dirigir su enojo hacia el gobierno, creyendo que es responsable de los altos precios y su miseria. Por lo tanto, es interés del gobierno involucrarse en la producción de cultivos, pescado e incluso productos lácteos para garantizar que los consumidores puedan pagarlos. La comida cara genera más personas hambrientas, y más personas hambrientas significa más personas enojadas. Estas personas acudirán al gobierno en busca de beneficios y ayuda, lo que puede costarle millones de dólares. Si el gobierno tiene dinero, puede brindar ayuda directa o facilitar la compra de alimentos, pero si carece de fondos, puede imprimir más dinero, generar inflación o pedir préstamos a otros países, aumentando su deuda externa. Cualquiera de estas soluciones perjudica al país.

Nuevamente, por motivos de seguridad pública, el gobierno no debe permitir que el sector privado controle todos los productos o mercados. En última instancia, el sector privado está alejado de los desafíos que enfrenta el gobierno. El gobierno incluso podría enfrentarse a un levantamiento debido al hambre o a los altos precios. A veces, estos levantamientos pueden escalar y perderse muchas vidas. En contraste, el gobierno debe lidiar con el caos; los propietarios privados y los ricos observan desde la barrera. Hay un dicho: "Las revoluciones son planeadas por personas educadas, ejecutadas por personas pobres y aprovechadas por personas ricas." Sorprendentemente, después de cada revolución, el gobierno promete reformas, y ¿adivine qué? Cada vez que hay reformas, solo los ricos o el sector privado se benefician.

Además, según el renombrado sociólogo Ibn Jaldún, "el hambre puede llevar a las personas a la transgresión"; en términos simples, cuando las personas tienen hambre, harán cualquier cosa para obtener comida. Pueden deprimirse o volverse violentas, recurrir a las drogas o la prostitución, o a robar. Cada uno de estos resultados le costará millones de dólares al gobierno, por lo que es mejor anticiparse a todo esto. Como dice el refrán, "Gobernar es prever."

En cuarto lugar, los agricultores deben esforzarse por producir más que suficiente comida para los consumidores. Debe ser un motivo de orgullo nacional producir alimentos excedentes para el pueblo. Un aumento en la oferta significa precios más bajos, lo que a su vez ayuda a mantener el valor de la moneda. Una abundante oferta de alimentos puede ayudar al gobierno a comerciar el excedente por otros artículos necesarios con otros países. Además, el excedente puede almacenarse en caso de desastres o escasez.

En quinto lugar, cada zona competirá con las demás para producir más y convertirse en líder. Cada zona y las personas a cargo deben ser recompensadas por sus esfuerzos para hacer de la agricultura un éxito. Cuando una región alimenta a todo el país, las demás pueden dejar de trabajar tan duro, ya que otra carga la responsabilidad.

Típicamente, en escenarios así, una región compensa las fallas de otras. Por lo tanto, tener zonas designadas facilitará identificar problemas y corregir cualquier sector agrícola de manera eficaz.

Se recomienda ampliamente usar maquinaria de manera intensiva para lograr una gran producción de cultivos. Un excedente de cultivos siempre es beneficioso para el trueque.

El uso extensivo de maquinaria también puede emplearse para despejar millones de acres de tierra para producir todo tipo de frutas y verduras, así como para crear pastizales para el ganado. Los pastizales son esenciales para la supervivencia de un país. Por ejemplo, Etiopía ha logrado tener un alto número de ganado, estimado en 60 millones de cabezas y alrededor de 70 millones de vacas, un número sorprendente para un país en desarrollo.

Al tener millones de vacas, surgirá un número significativo de granjas lecheras. La ganadería lechera data del séptimo milenio antes de Cristo, durante la era neolítica. Estas granjas serán capaces de producir no solo suficiente leche, mantequilla y queso para consumo local, sino también un excedente por razones de seguridad y para trueque. Más productos lácteos en un país significan que se necesitan más trabajadores, lo que llevaría a precios más bajos; precios más bajos significan consumidores felices. En Estados Unidos, hay más de 60,000 granjas lecheras; eso es una gran cantidad de granjas produciendo mucha leche, queso y mantequilla. Como resultado, la leche está disponible a cualquier hora del día. En 2022, Estados Unidos produjo 222 mil millones de libras de productos lácteos; esta es una valiosa lección para aprender de la experiencia estadounidense sobre cómo manejar esta industria. Este éxito no es magia; se trata de replicar sus métodos.

La acuicultura es esencial en países donde los pescadores no proveen cantidades suficientes para satisfacer la demanda del mercado; por lo tanto, adoptar esta técnica efectiva es necesario. Dado que las carnes rojas y blancas son caras y muchos consumidores en países en desarrollo no pueden permitírselas, la acuicultura puede ser una alternativa viable de proteína. Es un proceso sencillo que requiere decisiones serias, dedicación y cuidado extra.

Un profesor de la Universidad Internacional de Florida fue invitado a Haití para realizar un estudio de caso con el objetivo de mejorar la economía local de una zona específica. El profesor observó que no había suficiente carne roja y blanca para todos los residentes y que los precios eran prohibitivos. Sugirió que los lugareños encontraran una fuente alternativa de proteína y permitieran que el ganado se reprodujera por un tiempo.

Dado que las ovejas y vacas solo paren una vez al año, recomendó cambiar a conejos, que se reproducen tres o cuatro veces al año y pueden tener hasta doce camadas cada vez. Los estudios muestran que la carne de conejo es una buena fuente de proteínas, no contiene carbohidratos y es muy baja en colesterol, ideal para personas que controlan su colesterol y niveles de grasa. Al adoptar esta estrategia, un país podría permitir que su ganado se reproduzca en paz, y los precios bajarían automáticamente al aumentar la oferta.

Al implementar todas estas técnicas, un país puede producir suficiente comida, carnes rojas y blancas, y pescado no solo para satisfacer sus propias demandas, sino también para vender el excedente a otros países. Siempre es beneficioso pensar en grande y apuntar alto.

Turismo

El turismo es un generador natural de ingresos para muchos países. Algunos países tienen la fortuna de poseer múltiples sitios naturales exóticos, mientras que otros cuentan con lugares románticos que atraen visitantes. Sin embargo, es importante reconocer que estos sitios no surgieron por casualidad; fueron desarrollados por personas visionarias por diversas razones. Hoy en día, países como Francia, España, Italia y Reino Unido generan miles de millones de dólares en ingresos gracias al turismo. Lograr esto no es magia ni especialmente difícil; simplemente requiere una planificación visionaria.

Antes de discutir estrategias para construir esta economía, revisemos algunos monumentos y sitios y los ingresos significativos que generan para sus países. Por ejemplo, Francia es el país más visitado del mundo, atrayendo a más de 100 millones de turistas de todo el mundo gracias a su rica historia y sus emblemáticos monumentos. Según Campus France, en 2022, Francia generó aproximadamente 58 mil millones de euros en ingresos turísticos. Esta cifra impresionante debería motivar a los ciudadanos de países en desarrollo a involucrarse en la construcción de una economía similar.

Según Barron, España es el segundo destino turístico más popular del mundo después de Francia. En 2022, España atrajo a más de 70 millones de turistas, principalmente de Alemania, Reino Unido y Francia, acumulando un récord de 159 mil millones de dólares en ingresos. Italia registró 190 mil millones, y Reino Unido superó los 26 mil millones.

Incluso Turquía, según Trading Economics, generó alrededor de 13 mil millones de dólares por turismo en 2023. Tomando la cifra más baja de ingresos turísticos de Turquía como ejemplo, podría potencialmente financiar una revolución industrial en cualquier país en desarrollo.

Ganar dinero con el turismo es relativamente sencillo. No se requieren genios ni equipamiento pesado o tecnología avanzada; simplemente consiste en crear algunos sitios emblemáticos que se conviertan en el centro de atención. Es de interés para los países en desarrollo enfocarse en construir una parte de su economía basada en el turismo. De hecho, para algunos países con recursos limitados, el turismo puede ser la única solución viable para construir su economía. La inversión inicial requerida no es sustancial, pero los retornos pueden ser significativos y continuos.

Cómo Construir una Infraestructura Turística

Para empezar, un país debe establecer una tolerancia cero hacia la basura. El ambiente debe estar impecablemente limpio. Los gobiernos deben educar a sus ciudadanos sobre los beneficios de tener calles limpias y estar preparados para abrazar el turismo como un signo de desarrollo y una fuente de ingresos. Por ejemplo, Japón es considerado uno de los países más limpios del mundo, y los países en desarrollo podrían emular sus prácticas.

Las ciudades japonesas no solo son limpias porque los ciudadanos están comprometidos a mantener un ambiente limpio, sino también porque el sintoísmo enseña que la limpieza es esencial para la pureza religiosa.

En segundo lugar, el país debería involucrar a personas con ideas creativas, arquitectos y artistas para colaborar en el diseño de monumentos emocionantes. Se debería alentar a cada ciudad a contribuir con al menos una docena de monumentos únicos y atractivos. Las ciudades podrían también organizar concursos para determinar quién puede crear el monumento más hermoso, que sea fácil y económico de construir.

Los escultores podrían jugar un papel significativo al erigir estatuas y monumentos e incluso crear otro Monte Rushmore con una visión y personalidad diferente. Cada ciudad debería tener al menos un museo donde exhibir cada obra de arte preciosa y convertir ese museo en un ícono. Las escuelas y universidades también deberían organizar concursos para las mejores obras de arte que merezcan exhibirse en museos. Vale la pena mencionar que el Museo del Louvre en París, Francia, genera más de 100 millones de euros anuales y que la Mona Lisa sola está valorada en mil millones de dólares — suficiente para construir aproximadamente 100 fábricas.

Decenas de jardines con fuentes, lagos y miles de flores y rosas impresionantes son esenciales si queremos elevar el turismo. Es posible y alcanzable; solo necesitamos la voluntad de ser los mejores.

Tener costas es un activo tremendo para un país en desarrollo. Es una bendición y una herramienta poderosa para atraer turistas de todo el mundo. Todo lo que se necesita es un gran plan y grandes personas para hacerlo realidad. Cada ciudad costera debería trabajar en crear una docena de resorts exóticos, hoteles y playas. No es magia; un país podría replicar algunos de los mejores resorts, hoteles y playas del mundo. Solo hay que agregar un toque único y una nota diferente a cada lugar.

Para hacer estos resorts atractivos y populares, el gobierno debe invertir en marketing y capacitar a las personas para promover el turismo. El país debe soportar un pequeño esfuerzo económico inicial para atraer turistas e introducirlos a esta nueva experiencia. En otras palabras, los precios no deben competir con los de Europa, por ejemplo. Es fundamental reconocer que cuando los turistas se den cuenta de que visitar estos resorts cuesta menos que otros destinos, sin duda optarán por la opción más económica.

El gobierno también tiene la obligación de proveer una flota aérea con un excelente servicio y boletos accesibles para traer turistas. Los aeropuertos también deben estar impecables. Los empleados deben brindar un servicio perfecto a los turistas y hacer que se sientan especiales para que disfruten esta nueva experiencia y no duden en regresar con amigos y colegas. Al garantizar seguridad, buen alojamiento, excelente servicio, comida deliciosa y un ambiente limpio, el número de turistas aumentará cada año.

Tener muchos turistas debería ser una buena noticia para los líderes y el país porque se producirán varios beneficios. Primero, el país establecerá una nueva infraestructura económica que durará mucho tiempo y servirá a las futuras generaciones. Segundo, los turistas traerán más divisas al país, tal como sucede en Francia, España e Italia. Los resorts, nuevas amenidades, museos y tiendas locales venderán fuertemente sus productos, servicios y souvenirs a los turistas. Además, los turistas adinerados también podrían interesarse en invertir en el país.

Tercero, un elemento importante en la economía de cualquier país es que los múltiples resorts y amenidades necesitarán contratar a miles de empleados para que esta experiencia mágica sea fluida y posible. Cuarto, se venderán más alimentos y suministros a los resorts. Recuerde, cada pequeño elemento que se añada para hacer exitoso el turismo también crea empleos en el camino.

Reciclaje

Muchos países en desarrollo no reciclan su basura por diversas razones. De hecho, el 70% de la basura podría reciclarse y usarse nuevamente. El reciclaje es uno de los ingredientes clave para lanzar una nueva revolución económica, por así decirlo. Además de corregir los elementos más importantes, como la educación, la industria y la agricultura, el reciclaje podría ser uno de esos elementos fundamentales por varias razones. El reciclaje ahorra dinero, recursos y tiempo, y lo más importante, genera conciencia sobre el futuro de los seres humanos y nuestro planeta Tierra.

Hoy en día, Alemania es líder en reciclaje y gestión de residuos. El éxito de este gran salto se debe a dos factores: la alta conciencia pública sobre los beneficios del reciclaje y las políticas gubernamentales sólidas. Alemania ha adoptado un sistema de reciclaje eficaz que le permite reciclar el 60% de su basura diaria, convirtiéndola en la número uno del mundo. En Alemania ha surgido una nueva cultura relacionada con salvar el planeta mediante el reciclaje.

Alemania ha desarrollado un sistema para incentivar la participación de la gente en el reciclaje. La persona debe pagar un depósito por una lata o botella, generalmente alrededor de 25 centavos. Una vez que las latas y botellas se devuelven a máquinas especiales en los supermercados, la persona recibe de vuelta su depósito. Este sistema es riguroso e ingenioso al mismo tiempo, pero vale la pena para proteger nuestro planeta Tierra.

El reciclaje permite que un país reduzca el agotamiento de sus recursos, importe menos bienes de otros países —lo que ahorra mucho dinero— y cree una cultura de responsabilidad hacia el país y la Madre Tierra. El plástico, papel, latas y vidrio pueden reciclarse una y otra vez, y cada vez que se reutilizan, el país ahorra fondos significativos. Esta cultura del reciclaje aumenta la conciencia pública sobre el medio ambiente y alienta a todos los ciudadanos a ser responsables con su país y el planeta.

Los países desarrollados usan el calor generado por la quema de residuos, como papel, plástico, productos de madera, desechos de jardín e incluso estiércol de ganado, para producir vapor en una caldera que alimenta turbinas generadoras de electricidad para producir energía eléctrica y calentar edificios. En 2021, Estados Unidos utilizó 64 plantas de energía para producir 13.6 mil millones de kilovatios de electricidad. Se dice que 1200 toneladas de basura pueden abastecer de energía a 4000 hogares en Estados Unidos.

El reciclaje de agua usada es otro proceso sencillo que puede ayudar a cualquier país a mantenerse limpio, producir más cultivos, importar menos frutas y verduras, y en última instancia ahorrar mucho dinero. Con el agua cada vez más escasa, algunos científicos esperan que estallen guerras entre naciones por recursos hídricos.

En consecuencia, las naciones están recurriendo rápidamente a purificar su agua usada o a la desalinización para proveer más agua potable, así como para regar cultivos y jardines. En Israel, por ejemplo, lo que antes era una grave escasez de agua ahora se ha convertido en un excedente. Hoy, Israel emplea una combinación de reciclaje, conservación y desalinización para satisfacer sus necesidades de agua. Según estadísticas, Israel ahora tiene más agua de la que necesita.

Arabia Saudita es otro ejemplo de país que desaliniza agua del Mar Rojo y del Golfo Pérsico. El país opera más de 27 plantas de desalinización, proporcionando la mitad de su agua potable, y es considerado el mayor productor mundial de agua desalada.

Los países en desarrollo que tienen la fortuna de estar bordeados por mares u océanos pueden hacer lo mismo. Es un proceso sencillo; solo requiere algo de inversión y la voluntad para implementarlo, y sin duda vale la pena. Contar con amplias reservas de agua significa que el país puede plantar muchos cultivos, tener agua para sobrevivir y mantener limpias todas las calles.

Tecnología y Empleo

La tecnología ha desempeñado un papel significativo en la mejora de las sociedades, el impulso de las economías y la creación de millones de empleos. A principios del siglo XX, nuevas invenciones como los automóviles, teléfonos, aviones, lavadoras, ascensores y refrigeradores generaron miles, si no millones, de empleos en todo el mundo. Esto provocó un cambio importante en el estilo de vida de millones de personas. Las sociedades pasaron de ser predominantemente agrícolas a ser administrativas y tecnológicamente orientadas, impulsando así la economía hacia una dirección nueva y mejorada. Solo la fabricación de automóviles, teléfonos y aviones empleó a millones de trabajadores. Los ciudadanos comenzaron a usar productos tecnológicos en sus hogares, en el trabajo y en diversas instalaciones. El nivel de vida mejoró y la gente comenzó a perseguir diferentes aspiraciones.

Los gobiernos deberían fomentar que los consumidores compren más productos tecnológicos; cuanto más productos compren, más empleos se crean. Los trabajadores pueden especializarse en diferentes sectores, como la fabricación, reparación y mantenimiento de estos bienes tecnológicos. En última instancia, se crearán miles de empleos, impulsando la economía de un país y reduciendo la cantidad de desempleados. Por lo tanto, los países en desarrollo deberían invertir en tecnología para crear empleos y hacer avanzar sus economías. Para lograr esto, los gobiernos deben tomar medidas serias y convertirlo en una prioridad. Al tomar decisiones económicas sólidas, un país podrá inventar y producir bienes tanto para el consumo local como externo. El objetivo no solo debe ser satisfacer los mercados locales, sino también penetrar en los mercados extranjeros, lo que conducirá a una mayor demanda, más inversores y generará más ingresos para el país.

La invención del automóvil ha acumulado el mayor número de trabajadores en industrias como el sector automotriz de Estados Unidos. Hoy en día, más de 1.7 millones de estadounidenses están empleados en la industria automotriz. Apple es otro gran empleador, con más de 2 millones de empleados en todo el mundo. En el ámbito de los viajes aéreos, Lufthansa emplea a más de 100,000 personas y cuenta con activos por valor de 46 mil millones de dólares. Estos son solo tres ejemplos de los cientos de inventos del siglo pasado que han generado empleo para millones. Por lo tanto, junto con la construcción, la tecnología es la segunda forma más efectiva de crear empleos en cualquier país en cualquier momento.

Educación y Requisitos

La educación y los requisitos laborales son cruciales para el desarrollo de un país. Desafortunadamente, la mayoría de los países en desarrollo no colocan a las personas adecuadas en los puestos correctos, lo que genera quejas generalizadas sobre la calidad de los bienes y servicios proporcionados por individuos sin la preparación necesaria. Muchas posiciones clave están ocupadas por personas que abandonaron sus estudios.

Por ejemplo, las personas sin habilidades perjudican el desarrollo de un país. Un desertor escolar no debería estar a cargo de sectores críticos como la economía, la salud o incluso administrar una guardería. En algunos países en desarrollo, los requisitos para ciertos trabajos, como la enseñanza o la enfermería, son estrictos. Para ser maestro, por ejemplo, se debe graduar de la escuela secundaria, completar 4 años de universidad y aprobar un examen nacional o local para calificar para el puesto. Desafortunadamente, la mayoría de los estados contratan solo un pequeño número de maestros. Por otro lado, para ser alcalde o representante parlamentario, no se exige nivel educativo ni exámenes—una ecuación que no tiene sentido. Algunos de estos funcionarios nunca han asistido a la escuela. Estos alcaldes sin formación no pueden apoyar efectivamente a sus ciudades o ciudadanos, y de manera similar, los representantes sin educación no pueden representar adecuadamente a sus electores ni participar en debates significativos sobre su bienestar.

Irónicamente, los ciudadanos en países en desarrollo señalan la ineficiencia de estas personas sin habilidades. Sin embargo, nunca se ha hecho nada para cambiar las reglas o los requisitos para colocar a las personas correctas en los puestos adecuados y sacar al país de su miseria. Es una práctica persistente asignar personas sin preparación a cargos sensibles, a pesar de que estos países sufren en todos los sectores y lo han hecho por muchos años.

En este punto, los gobiernos necesitan cambiar las reglas si desean mejorar el bienestar del país y la vida de sus ciudadanos. Se insta a los gobiernos a motivar a individuos educados y con conocimientos y experiencia relevantes a intervenir, ocupar estos cargos y hacer lo necesario para avanzar en los intereses del pueblo.

Escuelas

Las escuelas deberían ofrecer más oportunidades a los niños para explorar, pensar de manera innovadora y participar en la construcción de su país. Hay un dicho que dice: "A veces encuentras cosas preciosas en el río que no encuentras en los océanos." A veces los estudiantes tienen mejores ideas que sus maestros, y a veces los ciudadanos tienen mejores ideas que sus presidentes y miembros del gabinete. Por ejemplo, se debería dar libertad a los estudiantes para escribir poemas, artículos, obras de teatro, libros e historias, y para investigar ciertos temas. También deberían poder pintar, diseñar y crear esculturas para decorar sus escuelas, ciudades y país. Liberar la inteligencia de los estudiantes puede ayudar a aprovechar lo mejor de ellos y elevar el pensamiento social a una dimensión superior.

El Ministro de Educación debería considerar implementar un sistema escolar de doble turno. El primer grupo de estudiantes asistiría desde temprano en la mañana hasta el mediodía y el segundo grupo desde el mediodía hasta la tarde. Podrían ser niñas por la mañana y niños por la tarde. Cada grupo usaría los mismos edificios, equipos e instalaciones. Cuatro o cinco horas de escolaridad efectiva son suficientes y manejables. Algunos podrían preocuparse por los niños en las calles el resto del día, pero el tiempo restante debería dedicarse a tareas, investigación y actividades deportivas, que forman parte del currículo. Esto podría gestionarse en casa o en bibliotecas donde el personal asignado por los distritos escolares brindaría ayuda gratuita — una técnica usada por colegios y universidades estadounidenses. Los estudiantes deberían aprovechar todos los estadios y arenas para cumplir con su currículo. Las ciudades gastan millones en estadios y arenas para ver a un equipo local jugar una vez por semana; el resto de la semana permanecen sin uso. Podríamos hacer que también sean beneficiosos para los estudiantes. Así no solo tendríamos niños inteligentes sino también saludables.

Finlandia, que tiene el mejor sistema educativo del mundo, usa solo 20 horas de enseñanza por semana, equivalentes a 4 horas al día. En 2023, la tasa de alfabetización nacional finlandesa fue del 100%, comparada con el 79% en EE. UU. A pesar de que el gobierno estadounidense gasta miles de millones en educación, más de 43 millones de adultos estadounidenses no pueden leer ni escribir por encima del nivel de tercer grado (según estadísticas de alfabetización). Finlandia tiene la mayor cantidad de genios per cápita, según datos de MENSA. Luego están Suecia y el Reino Unido, que también tienen un alto número de personas geniales.

Las escuelas están congestionadas en muchos países, especialmente en países en desarrollo, con 40 a 50 estudiantes por clase. Algunos estudiantes no pueden usar un escritorio porque no hay suficientes. La falta de financiamiento ha disuadido a los gobiernos de construir más escuelas o incluso de mantener las existentes. Muchas escuelas carecen de servicios básicos como calefacción, aire acondicionado, autobuses escolares y cafeterías, y algunas ni siquiera tienen agua.

Implementar un sistema de doble turno podría ser una solución brillante. En este esquema, el número de estudiantes en cada clase disminuiría, lo que permitiría a los maestros concentrarse de manera más efectiva en la enseñanza. Las clases deberían ser atractivas, concisas y directas, fomentando más pensamiento y lluvia de ideas, y menos escritura.

Tener menos estudiantes en las clases significa que los resultados serán impresionantes. Cuando comience el segundo turno por la tarde, contará con maestros, directores y administración completamente diferentes. De este modo, el gobierno puede crear miles de empleos.

Para elevar las sociedades, los maestros deben ser altamente respetados, tal como sucede con los médicos en Estados Unidos. Así es como se ven los maestros en Japón y Finlandia, donde indudablemente tienen un gran impacto en la vida y el futuro de un niño. En Japón, los maestros son tratados con mayor respeto que en Estados Unidos. Los niños no se dirigen a sus maestros por sus apellidos, sino que los llaman "sensei," un título honorífico que significa maestro y que también se usa para doctores, autores y miembros del parlamento. Cada mañana, antes de entrar a clase, los niños japoneses se inclinan ante sus maestros — un pequeño gesto que significa gran respeto.

Los uniformes pueden proporcionar estructura a los niños. Hay varios beneficios en usar uniformes: reducen distracciones, mejoran la ética de estudio, fomentan la disciplina y ahorran tiempo valioso en clase. Las políticas de uniformes son más fáciles de hacer cumplir que un código de vestimenta estándar, promueven la igualdad, eliminan la presión de grupo y reducen el acoso escolar. Disuaden la exhibición de colores y símbolos de pandillas y pueden simplificar las mañanas para estudiantes y padres. El uso de uniformes refuerza la idea de que la escuela es un asunto serio.

Se debería permitir que profesores con doctorados impartan clases en distintos niveles educativos, no solo en colegios y universidades. Estos profesores pueden elevar significativamente el nivel educativo. Trabajé con una profesora de Florida Atlantic University, EE. UU., que también enseñaba en una escuela primaria. Ella disfrutaba trabajar con niños pequeños y creía que esta edad es cuando pueden aprender más.

La disciplina, junto con altos estándares educativos, puede formar una fuerza laboral fuerte y contribuir a un proceso robusto de modernización. Adquirir y dominar alta tecnología hará avanzar al país y a sus ciudadanos. Además, enseñar otros idiomas internacionales es esencial, especialmente el inglés, que se ha convertido en el idioma de la comunicación internacional. Es el idioma de la ciencia, tecnología, comercio, diplomacia, informática, aviación y turismo. Dominar el inglés puede abrir puertas a una investigación, descubrimientos, referencias, libros y laboratorios ilimitados.

Competencia entre Universidades

La competencia entre universidades puede impulsar a un país hacia nuevas invenciones, direcciones y estilos de vida. Dicha competencia puede motivar a los estudiantes a sobresalir. Los estudiantes se esforzarán por alcanzar su mejor nivel, desbloqueando su máximo potencial. Se debe prestar especial atención a los estudiantes genios, alentándolos a profundizar en matemáticas, física, química, invenciones y tecnología. Si cada escuela y universidad produce un inventor por año, un país podría contar con al menos 1,000 inventores anualmente. Imaginen el impacto de 1,000 nuevos inventores cada año: el país se llenaría de nuevos bienes tecnológicos, máquinas, robots, gadgets, herramientas y servicios.

Las ciudades deberían buscar activamente a niños brillantes dentro de las escuelas y proporcionarles las herramientas y fondos necesarios para que sobresalgan e inventen. Sugiero que al final de cada año, las ciudades organicen competencias para descubrir quién ha desarrollado las mejores invenciones. Estas invenciones deberían tomarse en serio e implementarse. Nunca se sabe—otro Steve Jobs podría estar viviendo en su ciudad sin ser notado.

Otro Bill Gates podría estar sentado junto a usted, sin que lo sepa. Otro Thomas Edison podría ser su vecino y usted ni siquiera lo imagina. Las grandes invenciones pueden elevar un país a un nivel superior. Los gobiernos de países en desarrollo deberían tomar medidas decisivas para materializar estas invenciones, construyendo fábricas, líneas de ensamblaje y plantas, contratando personal y haciendo todo lo posible para convertir estas invenciones en realidad. Las nuevas invenciones pueden abrir nuevos caminos para mejorar la vida de los ciudadanos y fortalecer la economía de ese país en particular.

Cada estado o ciudad debería establecer clubes tecnológicos para descubrir más individuos genios y descubrir sus talentos. Las invenciones de estas personas deberían ser tomadas en seria consideración; sus trabajos explorados, producidos y comercializados a nivel mundial.

Estos nuevos pioneros podrían salvar a toda una nación si se les da la oportunidad de revelar su creatividad e ingenio.

Competencia entre Ciudades

La competencia entre ciudades puede elevar el turismo a un nivel superior, generando ingresos significativos para el país. Países como Francia, el Reino Unido y España, que dependen en gran medida del turismo, se aseguran de que el paisaje de cada ciudad esté bien mantenido. Los gobiernos se enfocan en mantener las ciudades limpias, seguras y llenas de servicios. Los países en desarrollo deberían esforzarse por hacer que sus ciudades y barrios sean limpios, seguros y atractivos para el turismo. Los gobiernos pueden incentivar a las ciudades locales a participar en competencias para determinar cuál es la ciudad más limpia, segura y cautivadora. Deberían premiar a gobernadores y alcaldes por la excelencia o hacerlos responsables de sus cargos en caso de fracaso.

Las ciudades limpias y seguras no solo atraen a turistas, sino también a los ciudadanos locales. Cuando los residentes ven que sus ciudades están bien cuidadas, valoran el esfuerzo de sus líderes para mejorar su calidad de vida. Un ambiente limpio y seguro también indica que los líderes se preocupan por sus ciudadanos. En última instancia, estas ciudades merecen que sus gobernadores y alcaldes sean reelegidos por su excelente gobernanza.

Los ciudadanos también juegan un papel crucial en la mejora de sus ciudades. Deben colaborar con sus líderes para mejorar su entorno de vida. Los residentes no deberían depender únicamente de la ciudad para el mantenimiento; en países desarrollados, por ejemplo, los trabajadores municipales gestionan las principales áreas públicas, pero los propietarios y arrendatarios son responsables de las calles pequeñas y sus propiedades. Para fomentar la participación, los gobiernos deberían educar y motivar a los ciudadanos sobre los beneficios de mantener ciudades limpias y seguras. Además, los gobiernos pueden animar a los residentes a competir para hacer de sus ciudades las mejores del país. Para lograrlo, los gobiernos deberían contratar personal adicional de limpieza, pintores, jardineros, trabajadores de construcción y mantenimiento, e incluso artistas para crear murales, esculturas y fuentes. Cada ciudad debería idear formas únicas de distinguirse. Íconos como la Estatua de la Libertad, el Taj Mahal, la Torre Eiffel y el Arco de Triunfo podrían inspirar monumentos locales únicos. Cuando las ciudades son ejemplares, los residentes se sienten orgullosos de su estilo de vida, presumen de sus ciudades y fomentan un fuerte sentido de pertenencia y orgullo nacional.

Servicio al Cliente y Su Impacto en las Ventas

Para que un país mejore el nivel y la calidad del servicio, debería implementar un sistema de calificación en casi todos los campos. La calificación enseña a las personas a ser buenos ciudadanos, profesionales y personas responsables. Actúa como una forma de educación social. Por ejemplo, en Estados Unidos, la calificación es común en casi todos los tipos de negocios y administraciones para asegurar que cada sector cumpla con las expectativas de los ciudadanos.

En las oficinas postales estadounidenses, una vez que un cliente completa una transacción, el empleado imprime un recibo que incluye un número telefónico o una encuesta en línea sobre el servicio brindado. Este método ayuda a mejorar el servicio al cliente.

Otro ejemplo es la industria automotriz. Dos o tres días después de comprar un vehículo, un representante del concesionario llama al cliente para hacerle varias preguntas sobre su experiencia y satisfacción con el auto y el servicio. Esta retroalimentación es crucial para mejorar el servicio y las estrategias de venta.

En Japón, el servicio al cliente va aún más allá, ya que casi todos los negocios reciben a los clientes en la puerta. Esta práctica ejemplifica una conducta comercial excepcional.

Además, los recibos en restaurantes y cadenas de comida rápida suelen incluir una invitación a una encuesta, permitiendo a los clientes comentar sobre la calidad de la comida, el servicio e incluso la limpieza de las instalaciones. Este método se ha extendido a hospitales, tiendas de ropa, centros comerciales y baños públicos, a veces utilizando dispositivos de encuesta instantánea para mantener altos estándares.

Las corporaciones también realizan encuestas internas para atender las preocupaciones de los empleados, haciendo preguntas directas sobre el trato en el lugar de trabajo y la gestión. Este enfoque ayuda a fomentar un ambiente laboral basado en la igualdad y el respeto a los derechos humanos básicos.

Las universidades y colegios en Estados Unidos también utilizan técnicas de retroalimentación para mejorar sus métodos de enseñanza y seleccionar a los mejores profesores. Al final del año académico, las administraciones distribuyen encuestas escritas a los estudiantes, solicitando sus opiniones sobre los cursos y los instructores. Esto permite a los estudiantes expresar sus puntos de vista sobre el desempeño del profesor y el contenido del curso. Los datos recopilados ayudan a la administración a tomar decisiones informadas sobre los cursos y la designación del profesorado. Los colegios buscan retener a profesores de alta calidad para mantener su integridad, prestigio y estándares educativos. Este enfoque también motiva a los profesores a sobresalir en sus roles o arriesgarse a ser despedidos.

Es del mejor interés de cualquier gobierno educar eficazmente a sus ciudadanos. Los gobiernos deberían usar comerciales, publicidad, vallas publicitarias y hasta propaganda para fomentar una mejor ciudadanía. Educar a las personas suele ser más fácil, barato y rápido que resolver problemas después de que surgen, cuando el gobierno debe gastar recursos y esfuerzo para corregirlos. Al educar proactivamente a los ciudadanos, ellos se involucran más en su país y trabajan para hacerlo más limpio, fuerte y avanzado.

Gastar y Distribuir Dinero Gratis

Fomentar el gasto es beneficioso para la economía. Los gobiernos deben motivar a los ciudadanos a gastar dinero para mantener la salud económica. Una economía bien gestionada es crucial para la supervivencia nacional, y el gobierno juega un papel clave.

Expansión Industrial y Agrícola: Construir suficientes fábricas, plantas, granjas y oficinas para emplear a la clase trabajadora.

Proyectos de Construcción: Iniciar nuevos proyectos de construcción o renovar estructuras existentes para crear empleos y mantener la infraestructura.

Impulsar la Producción: Enfocarse en una producción extensa para generar empleo, proveer bienes asequibles y asegurar que los consumidores tengan acceso a productos económicos.

Fomentar la Competencia: Estimular la competencia entre empresas para producir productos de alta calidad y costo efectivo. Bienes atractivos y a precios razonables atraerán a los consumidores a comprar más.

Marketing y Promoción: Permitir que las empresas anuncien sus productos a través de medios estatales y privados — radio, televisión, periódicos y revistas — para atraer a los consumidores a gastar más.

Campañas Educativas: Informar al público sobre los beneficios del gasto y los objetivos económicos detrás de la actividad del consumidor.

Participación del Consumidor: Involucrar a los consumidores en el proceso económico. Ellos juegan un papel crítico en la salud de la economía y deben asumir una responsabilidad activa en su crecimiento. Como dijo famosamente John F. Kennedy, "No preguntes qué puede hacer tu país por ti, sino qué puedes hacer tú por tu país." Un gasto robusto de los consumidores impulsa una alta producción y oferta, haciendo que los bienes y servicios sean más asequibles y disponibles, sosteniendo así el empleo y la estabilidad económica.

La participación activa de los consumidores en el gasto ayuda a proteger empleos y promueve un ciclo económico robusto.

Es vital que los países en desarrollo con abundantes recursos compartan la riqueza con sus ciudadanos. Los ingresos provenientes de estos recursos deberían distribuirse a los ciudadanos en forma de dinero en efectivo o cheques, ya sea enviados por correo o depositados directamente. Este paso es crucial para el bienestar económico de la nación. Estos cheques deben gastarse dentro de un período determinado. Países como Noruega, Arabia Saudita y Kuwait ya comparten ingresos de recursos nacionales con sus ciudadanos en diversas formas.

Como se mencionó anteriormente, para mantener el ciclo económico estable y bien dirigido, los ciudadanos necesitan dinero extra para gastar tanto en necesidades como en deseos. Cuando los ciudadanos disponen de ingresos disponibles, tienden a comprar más bienes y servicios, lo que obliga a las empresas a aumentar la producción para satisfacer esa demanda. Cuanto más compran los consumidores, más fábricas necesitan producir y más trabajadores se mantienen empleados. Supongamos que un gobierno envía cheques a 10 millones de familias en todo el país. Cada familia probablemente necesitará comprar algo: muchas adquirirán autos nuevos, renovarán sus casas, comprarán muebles nuevos, televisores, refrigeradores, computadoras, celulares, ropa, harán vacaciones o simplemente comprarán comida. La intención es que este dinero se gaste rápidamente, no que se ahorre, ya que acumular efectivo en bancos o cajas fuertes no estimula la economía. Por lo tanto, el dinero debe gastarse dentro de un plazo establecido hasta que se emita el siguiente cheque. Cuando los consumidores realizan estas compras, impulsan a las fábricas, plantas y granjas a aumentar la producción de estos artículos.

Es interés del país contar con fábricas, plantas y tiendas locales o nacionales para producir diversos artículos como bienes, herramientas, máquinas, gadgets y autos. De lo contrario, la actividad económica será nula. Comprar productos y servicios importados aniquilará la economía de ese país, porque los consumidores locales incentivarán a empresas, fábricas y plantas extranjeras a producir más en lugar de apoyar a las nacionales y locales.

Inmigrantes

Los inmigrantes pueden contribuir significativamente a la economía de su país de origen. Pueden participar eficazmente en la mejora económica invirtiendo en diversos sectores. Si un país carece de recursos o fondos para construir fábricas y líneas de ensamblaje, el gobierno debería facilitar la entrada al mercado para los inmigrantes y facilitarles el acceso a los recursos para proveer bienes y servicios a quienes permanecen en la patria. Los inmigrantes pueden invertir en vivienda, establecer fábricas o abastecer mercados con herramientas y máquinas esenciales, involucrándose en todos los sectores posibles para aliviar la carga del gobierno.

Por ejemplo, los inmigrantes pueden impactar significativamente el sector automotriz enviando autos a sus países de origen, donde los coches son mucho más baratos. Los autos son una herramienta crítica para crear millones de empleos. Más autos en las calles significa que el gobierno necesitará construir más carreteras y autopistas, cubriendo miles de kilómetros. Esta construcción requerirá miles de trabajadores, creando numerosos puestos de trabajo.

El segundo paso implica la necesidad de estaciones de servicio debido al aumento en el número de autos. Las estaciones de servicio requerirán personal para operarlas y conductores de camiones para distribuir no solo gasolina sino también diversos artículos, especialmente si las estaciones incluyen tiendas de conveniencia. Estas tiendas podrían almacenar productos lácteos, artículos de tocador, medicamentos sin receta, dulces, snacks, suministros automotrices, comida caliente, baterías y agua, entre otros.

El tercer paso requiere la construcción de estas estaciones de servicio, equipadas con computadoras, refrigeradores, máquinas de café y refrescos, que a menudo ofrecen pizzas y sándwiches. Considera cuántas personas están involucradas en operar solo una estación de servicio. Para satisfacer las necesidades de los conductores estadounidenses, hay más de 145,000 estaciones, un promedio de casi 3,000 estaciones por estado — un número considerable que emplea a casi un millón de personas, sin contar a los trabajadores en las fábricas que producen artículos para estas estaciones.

El paso cuatro, si la estación de servicio funciona también como tienda de conveniencia, fomentará que las fábricas produzcan más. Según el Departamento de Comercio de Illinois, una pequeña tienda de conveniencia debería tener en stock un promedio de 300 artículos. Al vender todos estos productos, cientos de fábricas participarán en el funcionamiento eficaz de esta estación. Estas cientos de fábricas obviamente necesitarán miles de empleados.

Paso cinco: si un país tiene millones de autos, imagina cuántos concesionarios, mecánicos y lavaderos de autos se necesitan para vender, reparar y mantener estos vehículos — miles, ¿no? Además, cada tienda puede especializarse en reparar ciertos aspectos; por ejemplo, algunas en soldadura, otras en reparaciones mecánicas, otras en cambio de aceite, cambio de neumáticos, pintura, cambio de baterías y frenos.

Paso seis, si un gobierno permite la circulación de millones de autos, los propietarios deben comprar registros, inspecciones y seguros al gobierno. Esto generaría millones de dólares para diversos fines. Además, para gestionar todo esto — registros, inspecciones y seguros — se necesitarán miles más de empleados.

Las licencias de conducir son otra fuente de ingresos y creación de empleos para jóvenes. Seré un poco cínico y diré: "Más autos significa más accidentes, lo cual es bueno para la economía." Algunos economistas creen que desastres, inundaciones, huracanes, terremotos, accidentes e incluso muertes son buenos para la economía. Si millones de autos circulan en un país, aumenta la probabilidad de accidentes. Los accidentes requieren más paramédicos, más autos para reparar, más autos para vender, más partes para vender, más visitas médicas, más compra de medicinas, más dinero recaudado por compañías de seguros, y la lista continúa. Todo el mundo estará ocupado, y todo esto se facilitará contratando más empleados.

Paso ocho, más autos significa más multas por exceso de velocidad, lo que a su vez genera millones de dólares para el gobierno. Según el sitio Speeding Tickets Facts en EE.UU., se generan más de seis mil millones de dólares anuales por multas de velocidad. Imagina cuánto dinero podrían recaudar los gobiernos en países en desarrollo con la vasta cantidad de autos circulando en sus vías. Además, para emitir estas multas y recolectar este dinero, se necesitarán muchos policías y empleados administrativos.

Tener millones de autos implica la necesidad de cientos de tiendas que vendan partes de autos. Sin embargo, sería fascinante y beneficioso que ese país fabricara todas esas piezas. Millones de empleos pueden crearse, dado que cada auto contiene un promedio de 30,000 piezas, desde las tuercas y tornillos más pequeñas hasta el bloque del motor.

Tener millones de autos también implica que las carreteras necesitan mantenimiento. También se requieren más semáforos y su fabricación. Además, millones de autos requieren miles de señales de tráfico, junto con su mantenimiento.

Más luces, postes y su mantenimiento son necesarios en autopistas, puentes, boulevares y calles. Así que, en una sociedad perfecta, una familia necesitaría al menos dos autos para manejar sus diligencias. Supongamos que un país tiene 10 millones de familias; entonces se necesitarían 20 millones de autos para facilitarles la vida. Con 20 millones de autos en las calles, se podrían crear millones de empleos.

En conclusión, los gobiernos de países en desarrollo deben esforzarse y permitir que los inmigrantes envíen dinero o remesas para participar en la construcción de sus economías y ayudar a sus compatriotas a ser felices. Las remesas pueden aumentar el consumo interno de bienes y servicios y reducir la pobreza. Las remesas ofrecen a los países la oportunidad de financiar nuevos proyectos y contratar más personas. En 2022, las remesas a India, por ejemplo, alcanzaron los 100 mil millones de dólares, y a México se estimaron en 60 mil millones; esto provee una fuente importante de fondos muy necesarios. Los compatriotas, por su parte, deben involucrarse y participar para hacer todo esto posible. Los migrantes retornados, con mayor experiencia y propensión, pueden desarrollar sus negocios en casa; han visto cómo se manejan los negocios en países desarrollados y pueden aplicar esas técnicas y formas en su país de origen.

Banca y Confianza

Para que una economía se mantenga estable o alcance grandes niveles, los ciudadanos también deben confiar en los bancos locales. Para lograr esto, el gobierno debe comprometerse a proteger el dinero ahorrado en los bancos en caso de pérdida, robo o cualquier situación desafortunada relacionada con operaciones bancarias o inversiones. Al hacerlo, los ciudadanos tendrán confianza en el gobierno, estarán tranquilos y finalmente depositarán más dinero en esos bancos. La Corporación Federal de Seguro de Depósitos (FDIC, por sus siglas en inglés) en Estados Unidos, por ejemplo, fue establecida para restaurar la confianza en el sistema bancario estadounidense. Esta agencia puede cubrir hasta $250,000 dólares en seguro por depositante, una forma inteligente de mantener la estabilidad y la confianza pública en el sistema financiero de la nación.

Todos los bancos locales necesitan los ahorros de la gente para funcionar y sobrevivir; utilizan ese dinero para múltiples inversiones y proyectos que generan más ingresos. Cuando los bancos tienen un buen desempeño, pueden ganar millones de dólares y eventualmente adaptarse a cualquier crisis económica que pueda afectar la economía. El gobierno también necesita ese dinero para pagar a todos los empleados federales y garantizar el correcto funcionamiento de todas las oficinas federales. Sin embargo, debe devolver el dinero a los depositantes siempre que lo necesiten para generar una confianza incondicional.

Los bancos deben introducir nuevas tecnologías como las tarjetas de crédito y la banca en línea. Las tarjetas de crédito significan menos efectivo en circulación y menos billetes impresos. Imprimir más efectivo a menudo conduce a la inflación, de la cual es difícil recuperarse. Además, imprimir dinero cuesta dinero. Por ejemplo, imprimir un billete de un dólar en EE.UU. cuesta 5.4 centavos, mientras que imprimir un billete de 100 dólares cuesta 15 centavos. Sorprendentemente, según DW News, después de décadas de independencia, alrededor de dos tercios de los 54 países africanos aún importan sus monedas desde Francia, Alemania, Reino Unido o Norteamérica. Lo hacen por razones de seguridad y porque aseguran que es más barato.

Irónicamente, en 2018, Ghana pagó alrededor de $92,000 dólares solo en gastos de envío. Las empresas impresoras cobran a los países según los requisitos de diseño, características de seguridad en cada billete y la cantidad de denominaciones que se deben fabricar.

La impresión de monedas en el extranjero a veces provoca escasez de dinero líquido, lo que genera dudas sobre la autonomía real, la seguridad nacional y el orgullo nacional.

Si un país decide imprimir una nueva moneda, esta debe tener un diseño atractivo y significativo para mantener su valor y condición. Para que los billetes permanezcan seguros, limpios y duren mucho tiempo, deberían fabricarse con polímero sintético.

Países como Australia, Reino Unido, Canadá, Vietnam, México y Marruecos han introducido billetes de polímero. Estos billetes son impermeables, resistentes a la suciedad, tienen una larga vida útil, son difíciles de falsificar y fáciles de reciclar. El dinero debería llevar los nombres y fotos de líderes significativos que hayan influido en la historia del país, y por qué no, de científicos mundialmente reconocidos que han influido en la vida de las personas, para que las nuevas generaciones se inspiren a ser buenos ciudadanos y líderes.

Los bancos deben motivar agresivamente a los empresarios a pedir préstamos para ayudar a la economía. Deben permitir que los empresarios pidan tanto dinero como deseen, con el propósito principal de impulsar la economía y crear empleos. También podrían elaborar una lista de todos los sectores que necesitan mejoras en el país como primera condición para otorgar préstamos. La segunda condición es contratar personas. Esta es una forma inteligente de proveer al país de todo tipo de bienes y servicios, además de ser una manera muy efectiva de crear miles de empleos.

Múltiples Feriados Son Buenos para la Economía

Los múltiples feriados son una buena manera de mantener la economía activa hasta cierto punto. Para explicar esto, usaré a Estados Unidos como ejemplo, ya que tiene más feriados que cualquier otro país en el mundo. En promedio, hay aproximadamente un feriado por mes en EE.UU., y cada feriado se celebra con gran entusiasmo. Como resultado, las empresas, supermercados, tiendas de ropa y joyerías se benefician enormemente de estos feriados, vendiendo sus productos continuamente. Por ejemplo, la víspera de Año Nuevo es un feriado en el que casi todos los restaurantes están reservados para celebraciones. En consecuencia, los restaurantes ordenan toneladas de carnes, aves, pastas, verduras, salsas, pasteles y bebidas. En preparación para este día, los agricultores producen más frutas, verduras, huevos y una abundancia de carne y aves. Las panaderías almacenan trigo y harina antes de este feriado para preparar una variedad de pasteles para vender a los restaurantes. Los fabricantes de bebidas también se ocupan de satisfacer la demanda de todos los lugares que celebran este evento global.

Obviamente, estas empresas, panaderías, restaurantes y granjas necesitarán ayuda adicional: trabajadores, conductores, meseros, cocineros. En la época de este feriado, se contrata a más personas que en cualquier otra temporada. Este episodio conduce a la creación de empleos temporales que, sorprendentemente, a veces se convierten en permanentes.

En preparación para el segundo feriado, que cae el 14 de febrero—Día de San Valentín—los agricultores plantan y venden más flores, las joyerías venden más oro y diamantes, y los restaurantes y tiendas de ropa están extremadamente ocupados. Durante esta celebración, muchas empresas están ocupadas diseñando, fabricando, produciendo, transportando y vendiendo sus productos. Cada artículo requiere cientos, si no miles, de personas para producirlo y mantenerse ocupadas hasta el siguiente feriado.

En mayo, hay dos feriados importantes: el Día de la Madre y el Día de los Caídos (Memorial Day). Durante el Día de la Madre, los restaurantes y tiendas de ropa están muy ocupados, lo que significa que las fábricas de ropa deben producir más, y los restaurantes necesitan planificar extensamente para acomodar al gran número de invitados que celebran esta respetada festividad. Al final de mayo llega el Día de los Caídos, un día en el que los estadounidenses honran y recuerdan al personal militar de EE.UU. que ha fallecido en servicio. Es un feriado pagado y muchas personas viajan para visitar a familiares en diferentes partes del país. Es una celebración significativa, y la gente gasta mucho dinero ya sea saliendo a restaurantes o a la playa. De cualquier manera, las empresas continúan produciendo y los trabajadores mantienen sus empleos.

El feriado más grande en EE.UU. es la Navidad. La Navidad es el mayor estímulo económico para muchos países alrededor del mundo, aumentando significativamente la producción y las ventas en casi todos los sectores minoristas durante esta popular festividad. La oferta y demanda tanto de bienes como de servicios aumentan drásticamente en Navidad. En 2022, se estimó que se gastaron 876 mil millones de dólares en regalos y ventas minoristas navideñas. Tal cantidad obliga a todas las áreas de cualquier empresa a aumentar la producción, distribución y venta de sus productos.

El Día de Acción de Gracias (Thanksgiving) es otro feriado importante en EE.UU., con millones de personas viajando para celebrar con sus familias. Según datos estadounidenses, el Día de Acción de Gracias es el día con mayor tráfico aéreo en EE.UU. Además, las tiendas de comestibles experimentan un aumento en las ventas de productos de consumo que van desde carnes rojas y blancas hasta diversas bebidas y golosinas. En 2020, las ventas por Thanksgiving superaron los 5 mil millones de dólares.

Además de Halloween y el Día del Trabajo (Labor Day), está el Día del Padre, sin mencionar los cumpleaños, que casi todas las personas celebran. Mientras que algunas personas gastan modestamente en cumpleaños, otras lo hacen de forma exuberante; sin embargo, si consideras que EE.UU. tiene 320 millones de residentes que celebran sus cumpleaños, habría más de 800,000 cumpleaños al día. Imagina la cantidad gastada en ropa, joyas, pasteles, bebidas, flores y el costo de organizar fiestas para estas ocasiones. Los países en desarrollo deberían reconocer que los feriados y celebraciones son beneficiosos para la economía. Cada feriado brinda a numerosos negocios la oportunidad de ganar dinero y sostener a sus empleados.

Las escuelas también deberían tener oportunidades para generar fondos que cubran al menos algunos de sus gastos. A veces, los distritos escolares no tienen suficiente dinero para ofrecer almuerzos gratis a los niños. En algunos países en desarrollo, las escuelas carecen de servicios básicos como ventanas, mesas adecuadas, útiles escolares, calefacción o agua. Por lo tanto, deberían poder utilizar sus aulas, gimnasios, anfiteatros y cafeterías para albergar eventos como convenciones, reuniones, conferencias y celebraciones como compromisos, bodas, baby showers y cumpleaños, especialmente durante las vacaciones de verano.

Conclusión

Aunque los países en desarrollo poseen los recursos y medios necesarios para lanzar una economía, a menudo no logran hacerlo. Existen muchas causas conocidas y desconocidas que siguen siendo obstáculos. Algunas causas son políticas, otras económicas, y algunas permanecen enigmáticas. Este libro aborda estos problemas y describe cómo establecer una infraestructura económica que pueda conducir a una economía fuerte en el futuro.

No es solo responsabilidad de los gobiernos liderar el camino, sino también de los ciudadanos. Ellos son los máximos responsables de las decisiones en su país. Tanto gobiernos como ciudadanos en países en desarrollo deben tener presente que no hay más tiempo que perder. Deben emprender la implementación de estos pasos para avanzar con sus países. También deben recordar que nadie vendrá a rescatarlos; vivimos en un mundo duro donde la supervivencia es para los más fuertes.

Este libro ofrece una visión general de cómo iniciar una nueva era de desarrollo económico para una economía en dificultades en un país específico y en un momento determinado. Para más información y detalles sobre cómo implementar estos pasos, pueden escribirme al correo mattbsellama@gmail.com. Estaré más que feliz de ayudar.

www.ingramcontent.com/pod-product-compliance
Lightning Source LLC
Chambersburg PA
CBHW052117030426
42335CB00025B/3019